内蒙古典型湖泊
浮游植物群落
特征及生态效应研究

李建茹　勾芒芒　李 兴
———— 著 ————

化学工业出版社
·北京·

内 容 简 介

全书以内蒙古乌梁素海浮游植物群落特征及其生态环境响应关系为主线进行系统研究，主要内容包括：全季浮游植物群落特征及生态环境响应关系，冰封期浮游植物群落特征与生态环境的响应关系，浮游植物污染指示种及水质评价，浮游植物优势种种间关系研究，浮游植物优势种的生态位分析，浮游植物功能群的演替规律及影响因子研究，基于 SOM 的乌梁素海浮游植物群落结构研究，以及基于 AQUATOX 模型的乌梁素海富营养化模拟及控制研究。

本书可供从事湖泊水生生态学、水环境污染、水环境修复等相关专业的专业技术人员及科研人员、高等院校相关专业师生参考使用。

图书在版编目（CIP）数据

内蒙古典型湖泊浮游植物群落特征及生态效应研究 / 李建茹，勾芒芒，李兴著 . -- 北京：化学工业出版社，2025. 5. -- ISBN 978-7-122-47874-0

Ⅰ . Q948.8

中国国家版本馆 CIP 数据核字第 20255YC466 号

责任编辑：彭爱铭
责任校对：宋　玮　　　　　　　装帧设计：刘丽华

出版发行：化学工业出版社
　　　　　（北京市东城区青年湖南街 13 号　邮政编码 100011）
印　　装：北京科印技术咨询服务有限公司数码印刷分部
710mm×1000mm　1/16　印张 10¾　字数 195 千字
2025 年 8 月北京第 1 版第 1 次印刷

购书咨询：010-64518888　　　　售后服务：010-64518899
网　　址：http://www.cip.com.cn
凡购买本书，如有缺损质量问题，本社销售中心负责调换。

定　　价：88.00 元　　　　版权所有　违者必究

序

近几十年来，由于城镇污水、工业废水和农田退水排入乌梁素海，水体受到污染，加之补水不足，湖泊富营养化问题突出，尤其是浮游藻类水华暴发现象导致水体溶解氧减少，水质恶化，大量水生生物死亡，严重破坏了水体生态系统，降低了水资源开发和利用潜力。因此，全面改善乌梁素海水生态环境质量，实现生态系统良性循环是各相关部门亟须解决的一项重大任务。

近年来，党中央、国务院高度重视"一湖两海"的保护与治理工作，多次作出重要批示。习近平总书记在巴彦淖尔考察时强调，治理好乌梁素海流域，对于保障我国北方生态安全具有十分重要的意义。目前，乌梁素海的水质逐步好转，鸟类、鱼类数量有所增加，湖体生态功能逐步恢复。然而，乌梁素海生态环境仍然非常脆弱，湖泊水生态环境恢复工作任重道远。

本书作者以内蒙古乌梁素海为研究对象，通过近 10 年对湖泊水体富营养化状况及浮游植物群落特征的监测，揭示了浮游植物群落特征及其对水生态环境效应的响应关系，编写完成了《内蒙古典型湖泊浮游植物群落特征及生态效应研究》。本研究积累了大量的科学数据，可为各级生态环境部门进行乌梁素海水体富营养化监测、藻类水华暴发预警以及有效推进湖泊污染治理和生态恢复工作提供依据。

刘书文

2025 年 1 月

前言·

浮游植物是一个生态学概念，是指在水中以浮游生活的微小植物，通常浮游植物就是指浮游藻类。浮游植物是水域生态系统中最主要的初级生产力，是水域中生物的重要饵料，处于生态系统食物链的基础环节，对生态系统的物质循环和能量流动起着重要的作用。浮游植物个体小、繁殖快、种类多、数量大、分布广，对水域生态环境的变化较为敏感。当水域生态环境发生变化时，浮游植物群落结构及数量也迅速发生变化，其变化会直接和间接地影响浮游生物、底栖生物、鱼类等生物的生长和繁殖，从而引起生态系统营养物质循环过程及稳定性的改变，严重时可能引发藻类水华，使整个水域生态系统崩溃。藻类水华是水域接纳过量的氮、磷等营养性物质，引发浮游植物过度繁殖的一种现象。过度繁殖的浮游植物会漂浮在湖水表面，形成一层"浮渣"，使水体透明度下降、溶解氧减少、气味腥臭难闻，生物鱼类大量死亡；某些浮游植物能够分泌、释放有毒性的物质，严重时还会影响饮用水水质安全，危害周围居民的身体健康。

目前，对浮游植物群落特征及水华暴发的研究多集中在南方温暖湿润的地区，而对北方寒冷干旱地区的湖泊研究相对较少。而北方湖泊季节温差大，冰封期长，太阳辐射强，降雨稀少，蒸发强烈，干湿差异大，且经常出现大风和多风的天气，较南方湖泊环境复杂，其湖泊水环境必然有其特殊性。乌梁素海，内蒙古寒旱区典型湖泊，位于黄河"几字弯"顶部，是黄河流域最大的湖泊湿地，具有黄河水量调节、水质净化、防凌防汛等重要功能，是我国北方多个生态功能的交汇区，也是控制京津风沙源的天然生态屏障，被称为黄河生态安全的"自然之肾"。20世纪90年代，由于城镇污水、工业废水和农田退水排入乌梁素海，水体受到污染，加之补水不足，生态功能退化，2008年水污染达到顶峰，湖区暴发大面积"黄苔"，水质一度恶化为劣V类，成为重大生态隐患。近年来，党中央、国务院高度重视"一湖两海"（呼伦湖、乌梁素海、岱海）保护与治理工作，多次作出重要批示。治理好乌梁素海流域，对于保障我国北方生态安全具有十分重要的意义。乌梁素海治理和保护的方向是明确的，要用心治理，精心呵护，一以贯之，久久为功，守护好这颗"塞外明珠"，为子孙后代留下一个山青、水秀、空气新的美丽家园。目前，乌梁素海的水质逐步好转，鸟类、鱼类数量有所增加，湖体生态功能逐步恢复。然而，乌梁素海生态环境仍然非常脆弱，湖泊水生态环境恢复工作任重道远，需要持续开展科学研究，不断积累科学数据，多措并举推进污染治理与生态恢复工作。

本书以内蒙古乌梁素海浮游植物群落特征及其生态环境响应关系为主线，围绕浮游植物的物种组成、功能群组成、季节演替、群落结构及划分、种间关系以及对水生态响应效应等方面展开研究，共11章。第1章——绪论；第2章——乌梁素海环境概况；第3章——全季浮游植物群落特征及生态环境响应关系；第4章——冰封期浮游植物群落特征与生态环境响应关系；第5章——浮游植物污染指示种及水质评价；第6章——浮游植物物种种间关系研究；第7章——浮游植物优势种的生态位分析；第8章——浮游植物功能群的演替规律及影响因子研究；第9章——基于SOM的乌梁素海浮游植物群落结构研究；第10章——基于Landsat8 OLI遥感数据反演乌梁素海浮游植物生物量；第11章——乌梁素海生态模拟及控制研究。

本书由国家自然科学基金项目（52160022）、内蒙古自治区"草原英才"工程青年创新创业人才、内蒙古自治区自然科学基金项目（2020BS05015）、内蒙古自治区人才开发基金、内蒙古自治区"英才兴蒙"工程青年拔尖人才等项目联合资助。

限于作者水平，撰写时间仓促，书中难免存在疏漏和不足之处，敬请读者批评指正。

著　者

2025 年 1 月

目录

第1章

绪 论

1.1 研究背景与意义

　　湖泊是与人类生存和发展息息相关的重要水资源之一，对区域气候的调节、生态环境的平衡、物种多样性的维持、水源的供给、农田的灌溉、渔业和旅游业的发展等都具有重要的作用。伴随我国社会经济的迅速发展和城市化进程的加快，湖泊水域环境出现富营养化、藻类水华、重金属污染、沼泽化污染以及湖泊面积萎缩、退化等一系列问题。

　　内蒙古自治区处于蒙新高原湖区，属于典型中温带季风气候，区内大部分为干旱半干旱地区，其湖泊特征主要表现为湖区面积小，湖水较浅，淡水湖少，含盐湖多等，其气候主要为四季温差较明显，冰封期时间长，干旱，降水稀少且年内分配不均匀，蒸发量大，湿度适中及风沙活动强烈。目前，区内乌梁素海、居延海、哈素海、岱海、黄旗海、达里诺尔湖以及呼伦湖等多个湖泊存在不同程度富营养化。其中乌梁素海曾几次暴发"黄苔"，导致其水质严重恶化，鱼类及鸟类大面积死亡，生态系统平衡严重破坏，经济损失严重。治理好乌梁素海流域，对于保障我国北方生态安全具有十分重要的意义。

　　本研究以内蒙古乌梁素海为研究对象，针对其地理位置特殊，平均水深小，自净能力差，湖区多草、多藻，冰封期较长，冰盖厚，冰下水环境复氧条件差，溶解氧含量低等特点，围绕湖泊浮游植物群落特征及其生态响应关系展开研究，分析生态系统中浮游植物物种组成、群落结构、演替规律及其影响因子；摸清乌梁素海湖泊冰封期前后生境改变如何影响浮游植物生长和群落演替；运用种间联结方法和生态位理论基础，揭示浮游植物物种的种间关系；运用功能群组理论，对浮游植物进行功能群组划分，探讨功能群组季节演替规律及其影响因子；运用数量生态学的自组织特征映射网络（SOM）对浮游植物群落进行划分，研究各划分群落的生态意义，为浮游植物群落划分提供了新的思路；利用遥感数据反演浮游植物生物量，探索浮游植物物种对特定环境的响应关系；利用 AOUATOX 水生态模型对乌梁素海湖区的总氮、氨氮、硝酸氮、pH、总磷等污染物，大型水生植物、浮游植物以及浮游动物的季节变化特征及演替规律以进行了模型研究，并利用模型探讨了不同入湖氮、磷污染负荷的消减对湖区氮、磷的影响以及浮游植物对其的响应关系，为乌梁素海富营养化治理和水华预测提供基础数据、科学分析与方案对策。

1.2 国内外研究现状

1.2.1 浮游植物群落特征研究

1943 年，Fisher 等首先提出 "species diversity" 一词，并用于群落学研究。他认为物种多样性是群落内物种数目和每一个物种的个体数量。1943 年，Williams 研究昆虫物种多度关系时首次提出了 "多样性指数（index of diversity）" 的概念。1949 年，Simpson 提出了多样性的方面集中性的概念，即 "Simpson index"。1958 年，Marglef 和 Shannon-Wiener 的信息测度公式引入生态学，用来测度多样性。1967 年，Mclntosh 应用欧氏距离测度多样性。当今世界，保护生物物种多样性和人与自然可持续发展已成为国际社会的共识，也是环境保护的热点分支。由于水体生境自然的改变，人为化学污染和富营养化等多种因素，造成的湖泊内环流系统的改变和营养供给的异常对生态系统内的淡水生物多样性形成巨大威胁。对很多国家，尤其是人地关系紧张的中国来说，淡水生态系统的保护和管理是要解决的主要问题之一。

国内对浮游植物的研究也有巨大成就。章宗涉、黄祥飞在《淡水浮游生物研究方法》一书中对浮游植物的生态，特征分类、现存量测定方法等作了系统性的阐述。对淡水浮游生物多样性数量分析主要采用以下几种方法：Margalef 丰富度指数（Margalef richness index）D、香农-威纳多样性指数（Shannon-Weiner diversity index）H、均匀度指数（Pielou index）J 等。采用香农-威纳多样性指数 H 分析浮游生物多样性的较多，如姜作发等研究的大兴凯湖浮游动物群落结构及生物多样性。从个体数量和生物量方面进行分析，如张志军、祖国掌等分别分析了浑河、合肥市大房郢水库蓄水初期浮游生物多样性。一种生物多样性指数法研究浮游生物多样性存在缺陷和不够完善，使用一种多样性指数会造成分析结果出现偏差。近年来，部分学者同时采用几种方法对浮游生物多样性进行比较研究，如吴朝等采用数量（密度）分析、香农-威纳多样性指数 H、均匀度指数 J 对淮南焦岗湖浮游生物多样性进行分析与比较。

1.2.2 浮游植物物种生态位研究

生态位（niche）是现代生态学的重要理论之一，生态位的研究在理解群落结构和功能、群落内物种间关系、生物多样性、群落动态演替和种群进化等方面有重要的作用。20世纪60年代，生态位理论的研究主要集中在动物种群对环境资源的利用方面。20世纪70年代以后，科学家们把研究目标转移到了植物种群方面，Abrams认为物种在群落中利用资源的状况反映了种群间的相互关系，种群间生态位的分化能使不同植物在不同资源水平上利用环境资源，降低种间竞争使物种能够共存。植物种群在外界环境的影响下以一定方式组合成植物群落，植物群落生态特性又在不同的环境梯度上表现出一定的变化规律，比如群落中物种组成变化、优势种的地位等。生态位理论由两个方面组成，即生态位宽度和生态位重叠。对于生态位的计算方法目前还存在较多的争议，但利用生态位理论来揭示在特定环境中种群随环境梯度变化的生态分化特性，仍是较为有利的方法。目前，生态位理论在草地植物种群、放牧对草原植物种群影响、水域生态系统中浮游动物、底栖动物等方面研究较多，浮游植物群落研究相对较少。

1.2.3 浮游植物物种种间关系研究

种间联结是指不同物种在空间分布上的相互关联性，可以用来描述环境差异造成的物种之间分布的相互关系。从涉及物种的关系来分，物种联结可分为总体联结和种对间联结；从物种联结的种类来分，物种联结可以分为正联结、负联结和无关联。种间联结包括5种关系：物种A的存在依赖于物种B的存在；虽然物种A对物种B存在依赖关系，但物种C可以代替物种B；物种A与物种B的存在没有关系；物种B的存在减少物种A的存在机会；物种B的存在使物种A不能存在。研究物种间的联结性对了解物种间的相互作用、分布特征和演替规律，对保护生物多样性和修复生态环境具有重要意义。

研究种间联结的方法包括方差比率法、卡方检验（χ^2）、种间联结系数（AC）、Dice指数、Ochiai数、Jaccard指数、Pearson相关性分析和Spearman分析等。近年来，国内学者采用这些方法在种间联结方面取得了很多研究成果。对滇中地区云南杨梅（*Myrica nana*）灌丛木本植物主要物种的种间联结特征的研究表明，总体联结性显著正关联，群落结构趋于稳定，群落种对间联结较弱，各物种间呈独立分布格局。对浙江省南部近海主要虾类种间的关系研究表明，主要虾类总体呈显著正关联，种间联结性趋于正相关。对草本药用植物与海拔分布关系的分析结果表明，种间具有显著正联结性。目前，已经开展的研究集中在草本植物、木本植物、鱼类和虾等，缺乏对浮游植物种间关系的研究。

1.2.4　浮游植物功能群研究

基于生态学属性的浮游植物功能群分组理论的形成，经历了长足的历史发展。1978 年，Margalef 建立了 r↔K 型选择机制，该选择机制主要是海洋浮游植物演替模式，是浮游植物生境与其生长策略的匹配。它认为海水中营养物浓度以及水动力条件的变化，引起了浮游植物生境条件的梯度变化，进而使浮游植物群落呈现一定的演替规律。其中，r 型选择机制（r-selected）是指某些浮游植物物种在理想的物质、能量供给的条件下，具有较快的生长增殖速率，最终取代其他物种直至达到顶级状态；K 型选择机制（k-selected）是指某些生长增殖速率相对较慢，且单体相对较大但不具有较大的比表面积的浮游植物物种，在物种和能量相对短缺的情况下，通过自身运动来调节生长环境，以满足自身的生长需要。1983 年，Reynolds 在 r↔K 型选择机制的基础上，增加了 w 型选择机制，它介于 r 型与 K 型之间，是指对光照具有较高耐受性的某些浮游植物，能够适应长期的低光照及高光照的条件。

1988 年、1995 年，Reynolds 在 Margalef 的 r↔K 型选择机制及 Grime 的植物 C-R-S 生长策略理论的基础上，依据浮游植物自身的生理生态特征以及环境的适应机制，进而形成了浮游植物 C-R-S 生长策略，进一步细化浮游植物生长策略同生境中物质和能量梯度变化的关系。浮游植物 C-R-S 生长策略将浮游植物划分为 C 型策略、R 型策略、S 型策略和后来又增加的 SS 型策略。C 型策略为竞争者，它属 r 型选择机制，生命形式为单细胞，代表属有小球藻属（*Chlorella*）、衣藻属（*Chlamydomonas*）等；R 型策略为杂生者，属 w 型选择机制，生命形式为群体，某些为单细胞，典型代表属有星杆藻属（*Asterionella*）、浮生直链藻（*Aulacoseira*）、游蓝丝藻（*Planktothrix*）和湖生蓝丝藻（*Limnothrix*）；S 型策略为环境胁迫的耐受者，属 K 型选择机制，生命形式多为群体，某些为单细胞，典型代表属有微囊藻（*Microcystis*）、鱼腥藻（*Anabaena*）、胶刺藻（*Gloeotrichia*）、角甲藻（*Ceratium*）、多甲藻（*Peridinium*）等；SS 型策略为慢性环境胁迫的耐受者，也属 K 型选择机制，生命形式多为群体，某些为单细胞，典型的代表属微型蓝藻、原绿藻属（*Prochlorococcus*）等。

1998 年，Reynolds 在上述成果的基础上，建立了浮游植物的生境模板。该生境模板主要是从浮游植物生存环境的光照、水体混合、温度、捕食、CO_2 浓度和营养物质的浓度等 6 个方面，反映不同浮游植物对生境中各种要素变化的敏感性和耐受性。

2002 年，Reynolds 在浮游植物生境模板的理论基础上又将具有相似或相同

　内蒙古典型湖泊浮游植物群落特征及生态效应研究

生境特征的浮游植物进行归类，共划分了出 31 个功能类群，形成了具有生态属性的浮游植物功能类群，实现了浮游植物生境特征与浮游植物群落的生态过程的相互结合。2007 年，Padisák 在 Reynolds 划分的基础上，将 31 个功能类群重新完善到 38 个功能类群。

利用浮游植物功能群分组来研究特定水域中浮游植物群落特征及演替规律，是浮游植物生态学领域的又一个研究热点。目前国外的众多学者已在这方面开展了一些研究，涉及的水域包括水库、河流和湖泊等。国内近些年开始有学者开展关于浮游植物功能群方面的研究，但仅是处于初级阶段，且积累的研究成果也比较少，涉及的水域主要是水库，而关于河流和湖泊等水域的研究较少。

水库方面的研究：Bárbara 等研究浅水型水库的浮游植物群落动态及影响因子。结果表明，该水库浮游植物功能类群演替顺序为 G→Y/P/E/D/F/W2/X→X2/L0/X1，多数功能类群是处于贫-中营养型，且季节变化是浮游植物群落演替的决定因子。Wang 等研究三峡水库香溪河库湾水位波动对浮游植物功能类群演替的影响。结果表明，G、M 和 L0 是三峡水库香溪河库湾的重要功能类群，且优势功能类群与库区水位波动、光照以及营养盐等关系密切。Xiao 等研究季风影响下广州峡谷型大型水库——流溪河水库浮游植物功能类群的演替规律。结果表明，流溪河水库浮游植物功能类群演替受季风的影响较大，主要是由于季风影响水库滞留时间、水体混合程度、光照以及营养物质的有效性等，进而使浮游植物功能类群呈现一定的演替规律。张怡等分析了珠海市南屏和竹仙洞两座水库浮游植物的功能类群的演替规律及影响因子，认为南屏水库浮游植物功能类群的演替主要是受水库降雨量、水力滞留时间及正磷的影响，而竹仙洞水库则是降雨量和水力滞留时间。岳强等研究广东省白水礤水库和苍村水库的浮游植物功能类群发现，贫营养型的白水礤水库仅在丰水期出现耐富营养化的功能类群，其他全年均以适应低营养盐环境占优势；低中营养型的苍村水库，在丰水期以耐富营养环境的功能类群占优势，其他时期随营养盐水平的降低，功能类群演变为适应低营养盐环境的类群为主。

河流方面的研究：刘足根等首次开展国内大型河流浮游植物功能类群方面的研究，主要对赣江流域浮游植物功能类群进行了分析，根据其生境、耐受性以及敏感性将浮游植物共划分 32 个功能类群，且优势功能类群显示赣江水体环境已呈现富营养化趋势。李哲等将三峡库区澎溪河回水区的浮游植物群落划分为 26 个功能类群，同时分析了功能类群的季节演替规律。库区的主要浮游植物功能类群为 J/F/H1/P/L0/LM/B/Y/G/C，常见功能类群为 MP/D/X1/X2/W1/W2，两个调查年内的功能类群的演替规律基本一致。

湖泊方面的研究：Zhang 等首次开展国内湖泊浮游植物功能群演替方面的研

究，主要是对我国高原湖区贫营养化的抚仙湖和富营养化的星云湖进行研究。结果显示，抚仙湖以表征贫营养化和轻度富营养化的 T 类、J 类、A 类以及 P 类为主要功能类群，而星云湖以表征富营养化的 M 类为优势功能群。

1.2.5　浮游植物群落结构划分

浮游植物群落结构划分是研究水域中具有相同或相似特征的浮游植物集群，是植物数量分类的基础内容，对揭示特定水域中浮游植物的时空变化特征有重要的意义。传统的浮游植物群落结构划分主要是采用多维尺度分析（multidimensional scaling，MDS）和聚类分析（cluster analysis）。传统的分析方法并不能很好地解释浮游植物群落结构随不同空间和时间尺度上的变化特征，且通常是影响浮游植物群落结构的生物和非生物因素的高维非线性组合。近年来，人工神经网络（artificial neural networks，ANNs）因具有非线性模式分类性能和自组织学习能力在海量信息处理方面凸显出巨大的优势。自组织特征映射网络（SOM）是人工神经网络中一种用于聚类分析的有效方法，适合于解决模式分类和识别方面的应用问题，目前已经被广泛应用在生物信息、故障诊断、影像处理、土壤分类以及植被群落划分等多个领域。SOM 在研究生态种群方面显示出了较高的解释能力，SOM 在动物群落方面的研究较多，但在淡水水域浮游植物群落方面的应用较少。

1.2.6　基于遥感数据反演浮游植物生物量研究

国内外许多学者运用遥感数据对水质参数进行反演，取得了丰厚的研究成果。水环境遥感反演常用的方法有经验模型、半经验（半分析）模型、分析模型。经验模型方面，马驰采用回归分析的方法，建立松嫩平原水体中叶绿素 a 和悬浮物含量的遥感模型；Zhan 等基于 Landsat8 OLI 图像，在 NIR 和可见光波段，构建反演黄河三角洲表面悬浮物浓度的经验立体模型；Guo 等基于 OLI 遥感影像，运用逐步线性回归模型和人工神经网络模型反演海河叶绿素质量浓度；杨国范等利用 OLI 数据，进行单波段及波段组合，分别构建比值线性回归模型和非线性的最小二乘支持向量机模型（LS-SVM），对清河水库叶绿素 a 质量浓度进行了遥感定量反演研究；Abdelmalik 基于 ASTER 遥感数据与水质参数的相关性构建埃及 Qaroun 湖泊的水质反演回归模型，模型精度检验较高。半经验模型方面，Zheng 等基于浮游植物光吸收系数，运用半分析法构建了广义叠加模型（GSCM）获得美国切萨皮克海湾的叶绿素 a 质量浓度；Fernanda 等基于近红外波段的半经验算法和红光区波段的半分析算法分别构建 Funil 水库叶绿素 a 的预测模型，对各种模型精度进行对比；陈军等以太湖水质浓度实验数据和同步的 Hyperion 影像为数据基础，运用四波段半分析法反演叶绿素 a 质量浓度；马万栋等采用 Hydrolight 数据，选取反射峰面积模型、三波段模型、红光线高度模型反演叶绿素质量浓度。分析模型方面，Giardino 等利用 Hyperion 数据，基于生物光学模型对 Garda 湖的叶绿素和悬浮物进行了浓度反演；吴仪等研究水体的辐射传输机理，分析入射光的吸收和散射，推导叶绿素质量浓度遥感反演模型。前人对水环境遥感反演研究均取得了重要的科研成果，但是多数学者对水环境的遥感监测仅仅基于单季度的反演，缺乏多个季度的浮游植物反演监测。浮游植物生物量和叶绿素 a 质量浓度高度相关，叶绿素 a 能够反映绿色植物和蓝藻对水环境的污染程度，因此叶绿素 a 常被用作浮游植物生物量的代用指标。

1.2.7　浮游植物影响因子研究

1.2.7.1　光照对浮游植物的影响

浮游植物生物量的积累主要取决于自身的光合作用和呼吸作用。光合作用是浮游植物吸收外界并储存能量的过程，而呼吸作用则是消耗浮游植物自身能量的过程。当光合作用储存的能量不足以呼吸作用消耗时，浮游植物生物量无法积累。反之，生物量表现为增加。光照是浮游植物进行光合作用的必要条件，因此光照对浮游植物生物量的积累有重要作用。浮游植物的光合作用与光照强度具有一定的响应关系，即光照在一定的范围内，浮游植物的光合作用速率与光照强度成正比，超过该范围，浮游植物的光合作用速率反而会下降。

研究表明，由于不同浮游植物的细胞组成不同，对光吸收的范围也具有差异。蓝藻细胞具有其他藻类没有的藻胆蛋白，能吸收利用绿、黄和橙色部分的光（500～600 nm），具有更宽的光吸收波段，因此蓝藻能在仅有绿光存在条件下生存。在长江口及其他悬沙含量较高水域中，由于水体的浑浊程度高，透明度低，在很大程度上限制了水下光的射入，尽管区域中营养物质浓度较高，但其水域中浮游植物的生长繁殖还是主要受到光照的限制。对于富营养化较高的水库，光照是浮游植物群落结构的主要影响因子，而在富营养化较低的水库，营养物质是其主要限制因子。研究表明，不同浮游植物物种对光照的适应性也不同，同时光照对浮游植物生长率的影响并非始终成正比，当光照达到浮游植物饱和光照后，光照的增大反而会降低浮游植物生长的速率。方涛等研究不同光照及磷营养盐的耦合对浮游植物生长的影响，发现光照条件会对浮游植物磷酸盐的吸收有较为明显的作用。当光照处于较高水平时，浮游植物对磷酸盐的吸收呈现出显著的磷限制，而在中光照及低光照的条件下，浮游植物对磷酸盐的吸收受到明显的抑制。

1.2.7.2 温度对浮游植物的影响

温度对浮游植物的生长繁殖有重要影响，主要是由于温度能直接影响浮游植物细胞中酶的活性，从而影响浮游植物的光合速率、呼吸速率以及生长速率等。不同浮游植物物种都有生长繁殖的温度耐受范围，温度过高或者过低，都会影响浮游植物的生长繁殖，而且不同浮游植物种类对温度范围的偏好也不同。通常蓝藻适合的温度范围为 20～30 ℃；硅藻、金藻以及黄藻适合的温度范围为 14～18℃；绿藻的适合温度为 20～25℃。李小龙等研究发现随着温度的升高，铜绿微囊藻（Microcystis aeruginosa）和玫瑰拟衣藻（Chloromonas rosae）的光合速率也不断增大。朱伟等研究发现，温度为 35℃时，微囊藻的生长较好；温度为 25℃时，栅藻的生长较好。谭啸等利用模拟升温方法研究太湖中绿藻、硅藻以及蓝藻的复苏生长过程。结果表明，当温度上升到 9℃时，绿藻和硅藻开始复苏；12.5℃时，蓝藻开始复苏，且随温度的升高，浮游植物群落结构依次为绿藻-硅藻-蓝藻到绿藻占优再到蓝藻占优。

1.2.7.3 营养盐对浮游植物的影响

水体中氮、磷是植物生长的必需营养物质。通常适当的营养物质能给初级生产者浮游植物提供营养，维持生态系统食物链的最初级食物的来源，形成稳定的生态循环系统。但当过量的氮、磷营养物质进入水体后，将会引起水体中浮游植物的过度繁殖，暴发水华现象，导致水体出现严重的富营养化问题。因此对特定水域中氮、磷营养物质及浮游植物生长之间关系的研究，对认识和揭示特定水域的富营养化形成机理有重要作用。

浮游植物的生长需要各种组成其生命元素的物质，因此各种生命元素均可成为浮游植物生长的限制因子，但一般认为浮游植物生长的主要限制因子为氮、磷营养盐。一般在富营养化的水体中，其浮游植物的数量也较高，因此可以通过控制水域中营养盐的水平，来控制浮游植物的数量以及改变浮游植物的群落结构组成。浮游植物的生长可能很少受到水域中氮的限制，这是由于某些浮游植物，如鱼腥藻可以通过固氮作用来补充氮源。浮游植物对氮源的利用具有选择性，通常氨氮是被优先选择的氮源，但也有一些浮游植物倾向于硝酸氮。大量的研究表明，在淡水水域中，磷可能是最主要的限制因子。

N/P 对浮游植物的影响一直存在争议。Liebig 提出的最小因子定律是目前研究营养物质与浮游植物生长关系的基础理论之一，它指出任何植物的生长取决于环境中最小营养物质含量的限制。Redfield 提出，海洋中浮游植物生长与生理平衡的营养物质碳、氮、磷原子比 106：16：1，这个比值被称为 Redfield 值。但由于不同浮游植物的细胞组成具有差异，故生长过程中所需的营养元素的比例也不同，因此环境中营养物质对浮游植物的限制作用也不尽相同。Redfield 值仅仅代表了浮游植物对营养物需求的平均情况。Redfield 比值不仅适应用海洋浮游植物营养物质限制的判定，同样也可作为淡水水域中浮游植物营养物质限制的依据。在淡水系统中，若 N/P 值大于 20∶1，被认为浮游植物生长过程中受磷营养的限制；若 N/P 值小于 10∶1，被认为浮游植物生长过程中受氮营养物质的限制；若 N/P 介于 10∶1～20∶1 之间，浮游植物生长过程中的营养物质的限制就不是很明确了。实验证明，磷是影响浮游植物生长的主要限制因子。Tilman 对梅尼小环藻（Cyclotella meneghiniana）和美丽星杆藻（Asterionella formosa）进行混合培养实验发现，降低培养基中磷含量有利于美丽星杆藻生长，而较低硅含量中的梅尼小环藻却能生长得更好。Bernhard 对美国河口湿地的研究发现，可溶解性的无机氮与无机磷的比值小于 16 时，氮元素是其浮游植物生长的限制因子。Rhee 发现混合培养中 N/P 值大于 10 时，微囊藻（Microcystis）和直链藻（Melosira）将占优势；当 N/P 值接近 25，绿球藻（Chlorococcales）的生长较好。陈德辉等研究发现磷浓度的增加能促使微囊藻的快速增长，但同时控制低光照也是其重要因子。李夜光等研究发现东湖水体中的玫瑰拟衣藻的生长主要受到磷营养盐的限制，且磷营养盐的范围不同，对玫瑰拟衣藻的生长速率的影响也不同。当磷的浓度为 0.05 mg/L，玫瑰拟衣藻的生长速率呈直线上升，随着磷浓度的不断增加，玫瑰拟衣藻的生长速率呈缓慢上升，直到磷的浓度超过 0.2 mg/L，玫瑰拟衣藻的生长速率不再上升。王松波等运用营养盐加富试验对武汉城 30 个养殖池的浮游植物生长的氮磷限制类型进行判断。结果表明，浮游植物群落对加氮的响应程度要显著大于加磷，受氮限制的池塘数量占 50%，磷限制的占 13.3%，氮、磷共同限制的占 23.3%，不受氮磷影响占 13.3%。在富营养水体中，当总磷浓度大于 0.4 mg/L 且 N/P 值小于 20，氮是浮游植物生长限制的主要因子。朱旭宇等研究了冬季条件下，不同氮磷比对浙江省洞头岛海区浮游植物群落结构的影响，结果表明冬季 N/P 为 128∶1 和 256∶1 条件下的浮游植物种类及数量明显高于 N/P 为 1∶1、4∶1 和 8∶1，其中柔弱伪菱形藻（Nitzschia delicatissima）在 N/P 为 128∶1 条件下生长较好，同时由于优势种的最适 N/P 不同，当 N/P 比值降低有利于硅藻向甲藻演替，而 N/P 比值过高不利于甲藻占优势。

1.2.7.4 牧食对浮游植物的影响

浮游植物是湖泊水体中的初级生产者，是水中植食性浮游动物、杂食性浮游动物、植食性鱼类及杂食性鱼类的主要食物来源，因此浮游植物的丰度和分布也常常受到水中牧食动物捕食作用的影响。通常牧食性动物对浮游植物具有捕食作用，同时浮游植物对牧食性动物也具有调控的作用，两者之间是相互影响，相互制约。徐兆礼等研究东海春季桡足类浮游动物的生态特征，发现桡足类浮游动物与硅藻两者之间存在着相互制约的关系。当水域中桡足类浮游动物的丰度增加时，硅藻的丰度会迅速下降；而当硅藻的丰度减少时，桡足类浮游动物的丰度也会相应减少。由于牧食性动物对浮游植物的偏好不同，因此牧食动物不仅影响浮游植物丰度的大小，同时对浮游植物群落结构也有显著的影响。张镇等研究发现大型滤食性隆腺溞（*Daphnia carinata*）具有较高的滤食效率，对浮游植物的丰度及群落结构有重要的影响。通过添加隆腺溞可以使浮游植物的丰度明显下降，同时浮游植物的群落结构也发生明显的变化。陈晓玲以热带-亚热带地区大型枝角类盔形溞（*Daphnia galeata*）为例，利用围隔试验研究盔形溞对浮游植物群落结构的影响。结果表明，改变盔形溞的数量可以调控热带-亚热带深水贫营养水库中浮游植物的丰度，尤其是对其群落结构组成影响较为明显。在富营养化程度较高的水域中，浮游植物的生长可能不受营养物质的限制，而主要是受到牧食动物捕食的影响，因此可以利用生物操纵的方法来降低水域中浮游植物的丰度，从而控制水体富营养化。与小型浮游动物相比，大型浮游动物具有较宽的浮游植物摄食域，因此大型动物常被选择作为生物操纵的主要生物。但在某些情况下，增加牧食动物的数量，反而会促使水中浮游植物的生长繁殖。周健等研究太湖夏季水华微囊藻与后生浮游动物之间的关系发现，后生浮游动物对蓝藻水华具有一定的促进作用，由此推测太湖夏季微囊藻的暴发可能与后生动物的群落结构有重要的关系。在水体中大量放养鲢、鳙可以改变生物的群落结构，从而有效地遏制富营养水体中浮游植物的生长繁殖，抑制水华的暴发。武汉东湖水华消失可能与湖区大量放养了鲢、鳙有直接关系。淀山湖围隔实验中鲢、鳙的单独放养能有效减少蓝藻的数量，而对浮游植物总数量的影响不明显。也有研究表明，大量放养鲢能有效降低水中蓝藻的数量和比例，抑制水华的暴发，而鳙可能会捕食大型浮游动物导致对藻类下行效应的削弱，反而会促进水华的形成，因此对鲢、鳙控制水华的作用以及适当的放养密度仍需进一步的研究。

1.2.8　基于 AQUATOX 模型的湖泊生态模拟研究

生态模型是模拟研究湖泊富营养化状态、实现湖泊富营养化治理和控制的重要手段，已被国内外研究学者广泛使用。目前常见的生态模型有：①简单静态回归模型，如 Vollenweider（VOL）模型；②复杂动态模型，如 EFDC 模型、CE-QUAL-W2 模型、DYRESM-CAEDYM 模型、AQUATOX 模型、PCLake 模型、MIKE 系列模型、WASP 模型等。

1.2.8.1 基于 AQUATOX 模型的富营养化模拟研究

AQUATOX 模型可研究水体富营养化和水生态过程，分析湖泊水生态系统各组成部分之间的关系及其生态驱动作用。魏星瑶等应用模型模拟研究殷村港常规水质变化和浮游藻类的生长规律，并利用模型控制功能分析了营养盐、温度、流速等因子对殷村港富营养化水平的影响；陈无歧等应用模型对洱海水质和藻类演替变化进行模拟，分析洱海总氮、总磷和叶绿素指标对营养物、富营养化状态的投入响应关系，得出有效抑制富营养化进程的 TN 阈值。杨漪帆等应用模型模拟淀山湖营养盐变化规律和藻类生长演替规律，对比分析不同水力条件、污染源等富营养控制方案效果，认为改善淀山湖的水力条件、控制磷等能有效控制蓝藻水华的暴发。曹小娟等应用模型模拟洞庭湖水环境状态，对湖流的流动与混合、营养盐及溶解氧在水体和沉积物中循环、颗粒物的沉积和再悬浮、浮游动植物及食物网相互关系进行了初步分析。Çevirgen 等应用模型研究 Venice Lagoon 主要变量之间的相互作用，根据不同的盐度和停留时间，分析 Venice Lagoon 生态系统特性梯度。Şimşek 等应用模型模拟 Black Sea 中营养物质和有机化学物质的各种污染物的变化规律，以及它们对生态系统的影响，包括鱼类、无脊椎动物和水生植物。Yan 等利用模型模拟了华北海河河口第一性生产总值（GPP）和生态系统呼吸（Re）变化规律。

1.2.8.2 基于 AQUATOX 模型的生态修复模拟

AQUATOX 模型可定量化模拟预测淡水生态系统的退化演变和生态恢复方案的效果。念宇等研究表明除了控制有机污染源以外，恢复河岸带生态环境，改建自然河道，能够降低水体总磷含量 40% 左右，有效恢复沉水水生植生物量 20% 以上，对营养盐降低和底栖动物多样性恢复均有明显作用；乔菁菁等应用模型模拟研究北京奥林匹克森林公园主湖生态恢复方案效果，模拟得出的净化水质的能力排序为：增加底栖动物、完善食物链＞现有湿地循环净化系统＞在主湖增加植物类型＞无湿地循环净化系统。

1.2.8.3 基于 AQUATOX 模型的生态风险评价

AQUATOX 模型可用于水生态系统中污染物的早期预警和风险管理。模型以生态系统为尺度，综合考虑了污染物的直接毒性效应和在种群竞争和食物链相互作用而产生的间接效应。张璐璐等运用模型研究分析了白洋淀湖区多溴联苯醚的生态效应阈值，同时得出湖区最大无影响效应浓度（NOEC）要比实验室中的 NOEC 低 1～2 个数量级。

刘扬等构建基于 AQUATOX 模型的水环境中有机物浓度模拟方法及风险评价的研究体系，并对淀山湖中的二氯甲烷的生态风险进行评价。Geom 等耦合 AQUATOX 和 EFDC 模型对韩国济州河 $30 \sim 30000$ kg 甲苯泄漏情景进行生态影响评估，建立化学品泄漏生态风险管理策略。Lulu 等应用模型研究高原富营养化湖泊滇池多环芳烃对生态系统的直接毒性效应和间接生态效应，其中轮虫和摇蚊对多环芳烃污染更为敏感。Andrea 等采用评估因子（AFs）、物种敏感性分布（SSD）、AQUATOX 模型三种方法控制模拟意大利北部波河中全氟烷基酸（PFAAs）所构成的生态风险。

第**2**章

乌梁素海环境概况

乌梁素，是蒙古语乌力亚素的转音；海，即湖泊；乌梁素海，蒙语为杨树湖，被誉为"塞外明珠"。乌梁素海是我国八大淡水湖之一，也是全世界范围内干旱草原及荒漠地区极为少见的具有蓄水、防洪、水产养殖、航运、旅游娱乐以及调节气候等多功能的草原湖泊。因其具有生物多样性及重要的生态功能，深受国内外关注，现已被国家林业部门列为湿地水禽自然保护示范工程项目、自治区湿地水禽自然保护区以及 2002 年被国际湿地公约组织列入《国际重要湿地名录》。乌梁素海是内蒙古河套地区排泄农田退水和山洪水的唯一容泄区，在灌排系统中发挥着重要作用，同时也是内蒙古重要的淡水鱼和芦苇生产基地。

2.1 地理位置及形态特征

乌梁素海位于中国北方内蒙古自治区巴彦淖尔市乌拉特前旗境内，后套平原的东端，明安川和阿拉奔草原的西缘，北靠狼山山前洪积扇，南邻乌拉山山后洪积阶地，地理坐标介于 $40°36'\sim41°03'$N，$108°43'\sim108°57'$E。根据 2010 年的卫片解译结果显示，乌梁素海的总面积为 305.7 km²，其中人工芦苇的面积为 60.27 km²，占 19.72%；芦苇及香蒲等挺水植物的面积为 188.2 km²，占 61.56%；开阔水面的面积为 117.5 km²，占 38.44%，其中开阔水域有 80% 左右为沉水植物的密集区，其余为滩涂。湖区呈狭长形，似月形，南北长，东西窄，其中南北长 35～40 km，东西宽 5～10 km。平均湖面高程为 1018.5 m，平均水深为 0.9 m，最大水深可达 4 m，多数水域水深在 0.5～1.5 m 之间。乌梁素海湖泊形态参数见表 2-1。

表 2-1 乌梁素海湖泊形态特征参数

湖泊特征参数	参数值	湖泊特征参数	参数值
最大直线长度	36 km	湖盆特征形态系数	22.1
最大宽度	12 km	岛屿率	6%
湖岸线长	130 km	蓄水量	$3 \times 10^8 \, m^3$
湖岸线发展系数	2.14	湖水滞留时间	160~200 天

2.2 流域的地质地貌特征

乌梁素海是由黄河改道形成。在 19 世纪 50 年代，黄河北支沿狼山南侧的乌加河作主流东流，然后与石门河相汇后，南转汇入黄河南支（现今的黄河）。后因新构造运动使后套平原下陷，黄河北支在乌拉山西端受阻以后，急转南流，冲出一个较大的洼地，这是乌梁素海的前身。后由于风沙东侵和狼山南侧的洪积扇不断扩展，致使河床抬高，乌加河被泥沙阻断，河水溢流到洼地形成了乌梁素海，而黄河北支主流被迫改由南侧东流。

整个河套平原在地质上是一个内陆断陷盆地，上部是冲积层、洪积层和风积层，下部是巨厚的新老第四纪湖相淤积层。乌梁素海地处的后套平原，面积约 8456 km²，占河套平原总面积的 75%，是河套平原的主要组成部分。平均海拔为 1100 m，地势平坦，地形由西南向东北微倾斜，乌梁素海地势最低。乌梁素海流域地貌形态主要有山麓阶地、山前冲洪积平原、黄河冲积湖积平原及风成沙丘等，其中黄河冲积湖积平原是河套平原的主体，组成物质为细砂、粉砂、亚砂土和亚黏土，且颗粒分布趋势为由西向东呈渐细。山前冲洪积平原介于黄河冲积平原与山麓洪积平原之间，土壤以砂砾、碎石和砂为主，常夹有黏质砂土。乌梁素海流域最北端为山麓洪积平原，地形坡度较大，组成物质有明显的分带性，从洪积扇顶向下土质由粗变细，依次为砾石、碎石、小砾石、粗砂、细砂及粉砂、黏质砂土和砂质黏土。

2.3 流域排灌系统及污染源

内蒙古乌梁素海是重要的灌区水利工程。它位于河套灌区的末端，容纳着来自上游整个河套灌区的农田退水、生活污水以及工业废水。资料显示，乌梁素海

每年的补给水量为 $7 \times 10^7 \sim 9 \times 10^7 \, \mathrm{m}^3$，其中农田退水为主要的补给水源，占总水量的 90% 以上，其次是工业废水、生活污水、降雨以及地表径流等。河套灌区的排灌系统。整个河套灌区的土地总面积约 11600 km^2，由西部保尔套勒盖、中部后套以及东部三湖河 3 个灌域组成。河套灌区灌溉系统主要由排干渠和排干沟组成，各共设七级：总干渠（1 条，全长 180.85 km），位于河套灌区南端；干渠（12 条，全长 779.74 km），分干渠（60 条，全长 1069 km），支渠（339 条，全长 2218.5 km），斗渠、农渠和毛渠（三类共 85861 条，全长 46100 km）；总排干沟（1 条，全长 228 km），位于河套灌区的北端，干沟（12 条，全长 516.12 km），分干沟（59 条，全长 925 km），支沟、斗沟、农沟和毛沟（四类共 17619 条，全长 12211 km）。河套灌区所有的农田退水、生活污水、工业废水经过各级支渠支沟、汇集到二排干、三排干、五排干、六排干以及七排干后汇入总排干，再经总排干、八排干、九排干、通济渠、塔布渠流入乌梁素海，最后经乌毛计出口（乌拉山镇）汇入到黄河中。

乌梁素海污染源主要分为点源污染和面源污染。点源污染主要是巴彦淖尔市境内存在大量企业，如玻璃厂、造纸厂、钢铁厂、化肥厂等。这些工厂排出的废水大多数情况都是没有达到水质排放标准，而且工业废水中除了含有大量氮磷污染物质外，同时还携带有毒物质重金属，对下游以地表黄河水为供水水源的包头市及呼和浩特市的居民身体健康造成极大的威胁。面源污染主要是来源于河套灌区的农田退水。由于河套灌区大面积种植小麦、玉米和向日葵等农作物，因此化肥、农药等施用量很大，但其利用率较低，仅为 30%，这些没有被农作物生长利用的氮、磷污染物会随着河套灌区每年大面积春浇秋灌排水以及降雨径流等过程最终汇入到乌梁素海湖体中，导致大量多种的污染物质蓄积在乌梁素海湖体中。资料显示，每年汇入到乌梁素海的总氮含量约为 1000 t，总磷含量约为 60 t。尽管近些年当地政府采取了积极有效的措施，对上游排污严重的企业以及排放水体达标程度进行了有效的监管，但其湖区的富营养化问题仍然较为严重。

2.4 流域气候特征

内蒙古乌梁素海位于我国干旱半干旱地区，属北温带大陆性气候。气候特点主要表现为干旱少雨、太阳辐射强、蒸发大、四季温差大以及风沙活动强烈等。结合内蒙古农业大学水环境研究组自建气象监测站多年现场监测的气象资料，分析乌梁素海流域的气象特征，如图 2-1～图 2-6 所示。

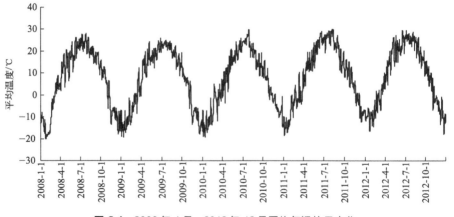

图2-1 2008年1月—2012年12月平均气温的日变化

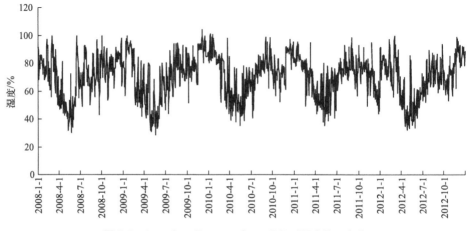

图2-2 2008年1月—2012年12月相对湿度的日变化

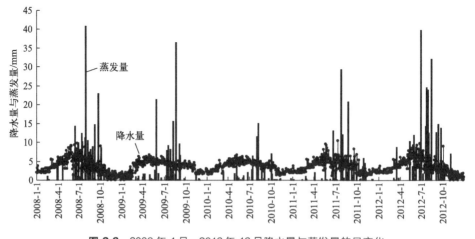

图2-3 2008年1月—2012年12月降水量与蒸发量的日变化

内蒙古典型湖泊浮游植物群落特征及生态效应研究

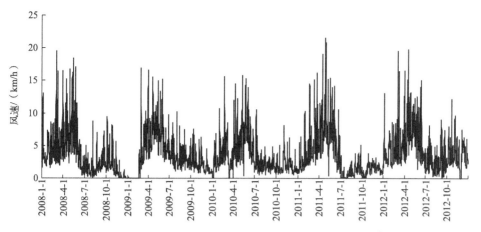

图 2-4 2008 年 1 月—2012 年 12 月风速的日变化

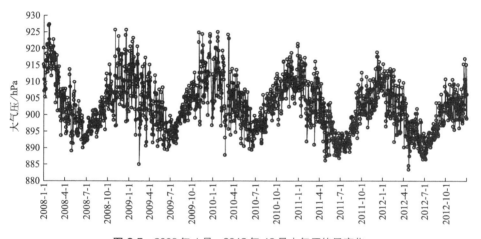

图 2-5 2008 年 1 月—2012 年 12 月大气压的日变化

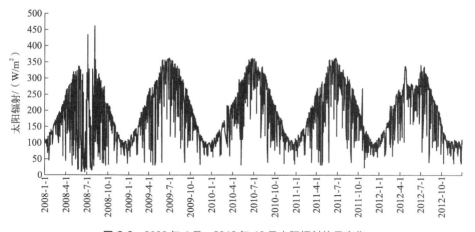

图 2-6 2008 年 1 月—2012 年 12 月太阳辐射的日变化

乌梁素海气温的主要特征是四季温度及昼夜温度差异较大。根据 2008～2012 年的气象资料显示，乌梁素海夏季与冬季的最大气温差可达 40 ℃，昼夜气温差可达 15 ℃。年平均气温在 10 ℃左右，气温在每年 7 月份最高，为 30 ℃左右，每年 1 月份最低，为－20 ℃左右，低温的变化范围在－15～－11 ℃之间。相对湿度的变化范围在 28％～104％之间。相对湿度在每年冬季最高，而在春季 5 月份最低，其主要原因与乌梁素海每年 5 月份风速较大有直接关系。日蒸发量的变化范围为 0～10 mm，年平均蒸发量为 1500 mm，年内蒸发量呈现夏季明显高于冬季。年内降雨量稀少，年均降雨量为 200 mm，且分配不均匀，主要集中在每年的 6～9 月份。大气压的变化范围为 883～927 hPa，均值为 902 hPa。大气压的峰值出现在冬季，谷值出现在夏季。太阳辐射的变化范围为 7～462 W/m^2，均值为 182 W/m^2。太阳辐射在每年 7、8 月份达到最大，冬季 1 月份最小。

2.5 湖泊主要存在的环境问题

内蒙古乌梁素海是寒旱区污染较为严重的淡水湖泊。由于长年累月地接受上游城市未经过处理或是处理未达标的生活污水、工业废水以及整个河套灌区的农田退水，导致乌梁素海面临着多种物质的污染，其中以富营养化污染、有机物污染、盐化污染、重金属污染以及"水华"暴发等问题较为突出。主要表现如下。

（1）乌梁素海面临严重的富营养化问题。总氮、总磷是湖泊富营养化的主控因子。目前乌梁素海的总氮含量在 4 mg/L 左右，总磷含量在 0.18 mg/L 左右，均超过地表水 V 类标准，且总氮及总磷均在冬季的污染较为严重。

（2）乌梁素海面临严重的有机物污染问题。化学需氧量（COD）是水体中还原性污染物质的表征。该指标也作为有机物相对含量的综合指标之一。乌梁素海化学需氧量（COD）的变化范围在 86.3～139.54 mg/L 之间，平均值约为 101.0 mg/L。

（3）乌梁素海面临严重的盐化污染问题。电导率 EC 是反映水体中离子浓度的重要指标。通常水体中离子浓度越高，其水体中盐的含量就越高。根据 2011～2013 年对乌梁素海水质监测发现，乌梁素海湖区的 EC 平均值为 3.46 mS/cm，最大值达 7.06 mS/cm。可见乌梁素海湖泊的盐化污染也较为严重。

（4）乌梁素海面临严重的重金属污染问题。目前湖泊水体及沉积物中主要含有 Cu、Zn、Pb、Cr、Cd、Hg、As 等重金属元素。其中湖水中 Hg 的污染较为严重，已超出地表水 I 级标准，同时 Cr、As 的致癌风险较高；沉积物中 Hg 和 As 污染最为严重，且季节污染状况为夏季＞冬季，同时 Cu、Zn、Pb、Cr、Cd 也有不同程度的污染。

（5）乌梁素海面临严重的沼泽化问题。资料显示，1986 年到 2010 年湖泊开阔水域面积从 139.8 km² 减少到 117.5 km²，芦苇密集区面积从 160.1 km² 增加到 188.2 km²。同时水生植物的沉积腐烂造成湖区底部生物淤积也较为严重，据估算每年乌梁素海底部生物淤积为 6～9 mm。

第 3 章

全季浮游植物群落特征及
生态环境响应关系

3.1 材料与方法

3.1.1 采样点布置

水质样品采样点是参照《水和废水监测分析方法》（第四版）以及其他湖泊的研究情况，将乌梁素海在水平方向上按照 2 km×2 km 的正方形网格进行剖分后，以正方形网格的交点呈梅花形布设样品采集点，同时考虑乌梁素海的水动力特征、水生植物、排污的入湖口、出湖口等的分布特点以及水域较浅区域采样船无法到达的实际情况，在乌梁素海湖区共布设 10 个样品采集点（图 3-1）。

3.1.2 样品采集与处理

本次研究共采集水质样品的采样时间为 2011 年 6 月—2013 年 8 月，其中每年 11 月、12 月、3 月、4 月未采集水样（乌梁素海的水体处于冻融状态，无法采集水样），其他时期为每月一次。

现场测定水深（WD）、水温（T）、pH、透明度（SD）、电导率（EC）、溶解氧（DO）等参数；总氮（TN），总磷（TP）、硝酸氮（NO_3-N）、亚硝酸氮（NO_2-N）、化学需氧量（COD）、叶绿素 a（Chl. a）等其他水质指标需采集 1 L 水样带回实验室进行测定，测定方法主要参照《水和废水监测分析方法》（第四版）。

浮游植物定性样品使用 25 号浮游生物网划"∞"形捞取，用 4% 的甲醛溶液固定后带回实验室用于镜检分类。定量样品用采水器采集 1 L 水样后，加鲁哥试剂用来固定，将采集的浮游植物样品带回实验室后经静置、沉降、浓缩至

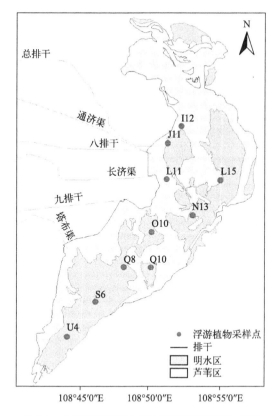

图 3-1 乌梁素海湖区水质与浮游植物采样点位置

30 mL，摇匀取 0.1 mL 浓缩样品置于 0.1 mL 计数框内，在 400 倍显微镜下镜检，鉴定浮游植物种类及计算细胞丰度，参照《中国淡水藻类——系统、分类及生态》及《淡水微型生物图谱》等进行浮游植物种类的鉴定。

3.1.3 数据处理

3.1.3.1 1 L 水体中浮游植物的丰度 N 的计算

1 L 水体中浮游植物的丰度 N 的公式计算：

$$N = \frac{C_s V P_n}{F_s F_n U} \tag{3-1}$$

式中，N 为 1 L 水样中浮游植物的个体数（ind/L）；C_s 为计数框的面积（mm^2）；F_s 为每个视野的面积（mm^2）；F_n 为计数过的视野数；V 为 1 L 水样经沉淀浓缩后的体积（mL）；U 为计数框的体积（mm^3）；P_n 为每片计算出的浮游植物个数。

3.1.3.2　浮游植物生物量的计算

浮游植物的个体体积较小，直接测量其体积较为困难。通常是根据浮游植物自身比重近似于水比重的特征，假定浮游植物密度为1，然后按照浮游植物个体形态分成几个最为接近的几何部分，近似求出浮游植物的体积，也可直接参照某些常见浮游植物体积的估算值，最后计算浮游植物的生物量。

3.1.3.3　浮游植物群落特征参数

丰富度指数 D 的计算公式：

$$D = \frac{S-1}{\ln N} \tag{3-2}$$

香农-威纳多样性指数 H 的计算公式：

$$H = -\sum_{i=1}^{s} p_i \ln p_i \tag{3-3}$$

均匀度指数 J 的计算公式：

$$J = \frac{H}{\ln S} \tag{3-4}$$

优势度指数 Y 的计算公式：

$$Y = \frac{n_i f_i}{N} \tag{3-5}$$

式中，$p_i = n_i/N$；p_i 为第 i 种藻类的个数与样品中所有藻类个数的比值；n_i 为第 i 种藻类的个数；N 为所有藻类总个数；S 为样品中藻类种类数；f_i 为第 i 种藻类在各站位出现的频率。本研究将优势度 $Y > 0.02$ 的藻类定为优势种。

3.2　结果

3.2.1　浮游植物种类及季节变化

3.2.1.1　浮游植物种类组成

2011 年 6 月—2013 年 8 月调查期间，共发现浮游植物 7 门 110 属 281 种，其中绿藻的种属出现最多，为 47 属 126 种，占调查期间出现浮游植物总种数的 45%；其次是硅藻和蓝藻，分别为 25 属 64 种和 22 属 46 种，分别占调查期间出现浮游植物总种数的 23% 和 16%；绿藻、硅藻以及蓝藻出现种属之和占调查期间出现浮游植物总种数的 84%，是乌梁素海湖区的主要浮游植物种类；其他裸藻、金藻、隐藻以及甲藻类群出现的种属相对较少，分别为 9 属 30 种、4 属 8 种、2 属 4 种、1 属 3 种。浮游植物种类组成百分比如图 3-2 所示。

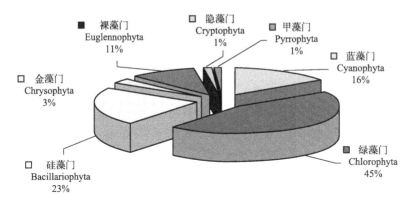

图 3-2 乌梁素海浮游植物种类组成百分比

3.2.1.2 浮游植物种类的季节变化

为分析乌梁素海浮游植物种类的季节变化特征，将调查期间出现的所有浮游植物种属按各季节统计，发现乌梁素海夏季出现的浮游植物种类数最多，为 92 属 223 种，占调查期间所有浮游植物种总数的 79.36%；其次为秋季和冬季，分别为 59 属 133 种和 58 属 125 种，占调查期间所有浮游植物种总数的 47.33% 和 44.48%；春季出现的种类数最少，为 59 属 108 种，占调查期间所有浮游植物种总数的 38.43%。若以浮游植物的属为单位，则夏季出现的浮游植物种类数量明显多于其他季节，而其他季间的相差不大。各门浮游植物种类数按季节统计分析如图 3-3 所示。

绿藻在各季节中都是出现最多的种类，其中夏季出现绿藻的种类较多，为 37 属 100 种，占调查期间所有浮游植物种总数的 35.59%；其次为秋季，出现的种类数为 25 属 62 种，占调查期间所有浮游植物种总数的 22.06%；春季为 28 属 56 种，占调查期间所有浮游植物种总数的 19.93%，冬季出现的种类为 20 属 45 种，占调查期间所有浮游植物种总数的 16.01%。绿藻种类数在各季节中所占比例呈现，春季最高，为 51.85%；其次为秋季，为 46.62%；夏季为 44.84%；冬季所下降到 36.00%。

硅藻在各季节中出现的种类数较多，但均低于各季节中绿藻出现的种类数。其中夏季出现硅藻的种类较多，为 20 属 50 种，占调查期间所有浮游植物种总数的 17.79%；其次为秋季和冬季，出现种类数分别为 15 属 32 种和 14 属 30 种，分别占调查期间所有浮游植物种总数的 11.39% 和 10.68%；春季为 12 属 25 种，占调查期间所有浮游植物种总数的 8.90%。硅藻种类数在各季节中所占比例的变化不大，其中秋季和冬季所占比例均为 24.06%，春季和夏季所占比例分别为 23.15% 和 22.42%。

蓝藻在各季节中出现的种类数仅次于硅藻出现的种类数。其中夏季出现的蓝藻种类较多，为 21 属 42 种，占调查期间所有浮游植物种总数的 14.95%；冬季和秋季出现的蓝藻种类，为 15 属 27 种和 11 属 24 种，占调查期间所有浮游植物种总数的 9.61% 和 8.54%；春季出现的蓝藻种类最少，为 12 属 19 种，占调查期间所有浮游植物种总数的 6.76%。蓝藻种类数在各季节所占比例呈现为冬季较其他季节所占比例高，为 21.60%；夏季和秋季所占比例为 18.83% 和 18.05%；春季所占比例为 17.59%。

裸藻在各季节中出现的种类数明显少于绿藻和硅藻，其中夏季及冬季出现的裸藻种类较多，为 8 属 19 种和 3 属 14 种，分别占调查期间所有浮游植物种总数的 6.76% 和 4.98%；春季和秋季出现的种类数相对较少，为 3 属 3 种和 3 属 7 种，分别占调查期间所有浮游植物种总数的 1.07% 和 2.49%。裸藻种类数在各季节所占比例为冬季所占比例最高，为 11.20%；其次夏季，为 8.52%；秋季为 5.26%；春季所占比例最小，为 2.78%。

金藻、隐藻和甲藻类群在各季节中出现的种类数较少，且种类数差别也较小。其中金藻在冬季出现的种类数为 3 属 6 种，占调查期间所有浮游植物种总数的 2.14%；夏季为 3 属 5 种，占调查期间所有浮游植物种总数的 1.78%；秋季为 2 属 3 种，占调查期间所有浮游植物种总数的 1.07%；春季为 2 属 2 种，占调查期间所有浮游植物种总数的 0.71%。金藻种类数在各季节所占比例，冬季 4.80%、秋季 2.26%、夏季 2.24%、春季 1.85%。隐藻在夏季和秋季出现的种类数相同，为 2 属 4 种，占调查期间所有浮游植物种总数的 1.42%；春季和冬季出现种类数相同，为 1 属 2 种，占调查期间所有浮游植物种总数的 1.42%。裸藻种类数在各季节所占比例的变化为秋季略高为 3.01%，其他季节相差不大，分别为春季 1.85%、夏季 1.79%、冬季 1.60%。甲藻在各个季节中出现的种类数最少，夏季为 1 属 3 种，春季、秋季和冬季均为 1 属 1 种，分别占调查期间所有浮游植物种总数的 1.07% 和 0.36%。在各季节所占比例为夏季 1.35%、春季 0.93%、冬季 0.80% 和秋季 0.75%。

综上分析，乌梁素海夏季出现的浮游植物种类（属为单位）明显高于其他季节，而其他季节间的相差不大。全年中浮游植物种类主要以绿藻、硅藻以及蓝藻组成，三个藻种之和所占比例均达 80% 以上，且各季节出现的种类均呈现绿藻＞硅藻＞蓝藻。三个藻种在各季节所占的比例较稳定，其他裸藻、金藻、隐藻和甲藻出现种类较少，且季节变化也较小。

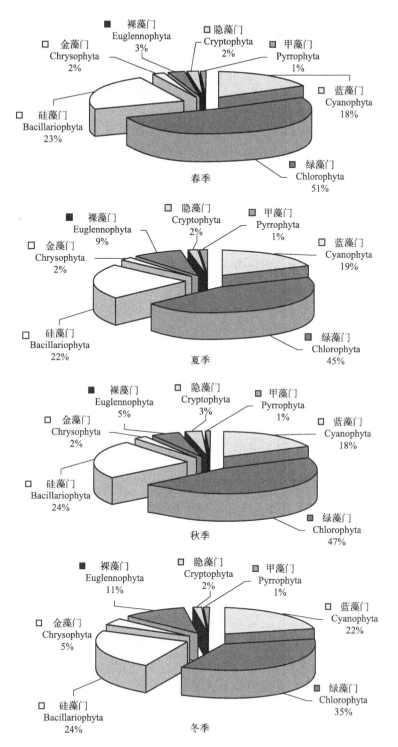

图 3-3 乌梁素海各季节浮游植物种类组成百分比

3.2.2 浮游植物丰度、生物量的季节变化

3.2.2.1 浮游植物丰度、生物量的季节变化

浮游植物丰度值介于（12.60±6.06）×10⁶～（52.64±44.36）×10⁶ ind/L 之间，均值为（27.73±11.18）×10⁶ ind/L，如图 3-4 和表 3-1 所示。根据 Kruskal-Wallis 非参数检验分析显示，浮游植物丰度值存在极显著差异（$P<0.01$）。具体季节变化过程为，2011 年 6 月初夏浮游植物丰度为（22.48±9.62）×10⁶ ind/L，伴随夏季到来，气温逐渐上升，浮游植物开始大量生长繁殖，其中蓝藻、硅藻类群的丰度呈持续上升趋势，绿藻丰度略下降，直至 7 月初浮游植物丰度出现全年的第一个峰值，为（37.58±17.25）×10⁶ ind/L。从 7 月到 8 月夏末，可能是受温度、降水量及其他生境变化的影响，蓝藻丰度急剧下降，硅藻丰度持续上升达到峰值而后呈下降趋势，此时 8 月夏末的浮游植物丰度为（27.99±17.74）×10⁶ ind/L。秋季 9 月末，金藻类群丰度有所增加，但由于蓝藻、硅藻丰度的急剧减少，该时期浮游植物丰度仍处于较低值，为（18.42±15.25）×10⁶ ind/L，而后随硅藻、金藻以及绿藻等类群丰度的增加，浮游植物丰度值在 10 月出现第二次峰值，为（35.65±15.54）×10⁶ ind/L。随各类群丰度逐渐下降，浮游植物丰度值也随之下降。到冬季 1 月末，浮游植物丰度值处于全年最低，春末 5 月时期的浮游植物丰度出现较高水平，丰度值达（52.64±44.36）×10⁶ ind/L，而后随绿藻类群丰度的逐渐下降，8 月末浮游植物丰度处于较低水平，丰度值为（12.60±6.06）×10⁶ ind/L。该时期硅藻类群的丰度在 5 月较高，其他月份变化平缓。与 2011 年同期相比，浮游植物丰度的季节变化规律并不与之相似，这可能与 2012 年降雨量较大，排入乌梁素海的水量增多等水文条件有关。秋季以后到冬季期间，由于硅藻及绿藻类群丰度的增加，浮游植物丰度值出现一定的上升，其值为（19.72±7.96）×10⁶ ind/L，而后又下降至（13.40±6.94）×10⁶ ind/L。2013 年 5 月春末，随着气温的回升，绿藻以及蓝藻类群的丰度逐渐增加，浮游植物丰度从冬季较低水平开始持续上升，达到（37.55±21.56）×10⁶ ind/L，而后又开始下降，到初夏 6 月，丰度值降至（28.65±18.46）×10⁶ ind/L，但均高于同期的浮游植物丰度值。从初夏 6 月以后，丰度值又开始上升，直到 7 月浮游植物丰度又出现一个高值点，为（41.84±18.68）×10⁶ ind/L，而后又呈下降趋势。该时期绿藻、蓝藻及硅藻类群丰度的季节变化与浮游植物丰度的季节变化较为一致。2013 年春夏浮游植物丰度值的变化过程与 2011 年较为相似，具有一定的重现性，而 2012 年与 2011 年及 2013 年的浮游植物丰度的季节变化过程相差较大。

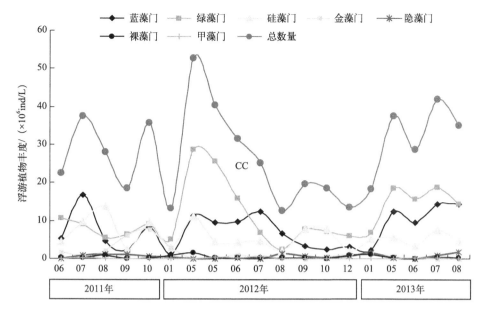

图 3-4 乌梁素海浮游植物丰度的季节变化

表 3-1 各类群浮游植丰度、生物量的季节变化的基本统计

项目		蓝藻门	绿藻门	硅藻门	金藻门	隐藻门	裸藻门	甲藻门	总量
丰度 /（×10⁶ind/L）	最小值	1.11	2.33	1.88	0.01	0.00	0.04	0.00	12.60
	最大值	16.77	28.63	13.59	7.74	1.54	1.64	0.72	52.64
	平均值	7.86	11.50	5.88	1.43	0.63	0.43	0.12	27.93
	标准差	4.87	7.25	3.27	2.13	0.55	0.42	0.18	11.32
	变异系数/%	0.62	0.63	0.56	1.49	0.86	0.97	1.49	0.41
生物量 /（mg/L）	最小值	0.06	1.52	1.59	0.02	0.00	0.31	0.01	10.04
	最大值	16.39	10.44	19.10	3.44	9.09	8.90	0.40	39.64
	平均值	5.18	6.13	6.79	0.61	1.89	2.93	0.18	23.72
	标准差	4.57	2.49	4.77	0.92	2.11	2.61	0.23	8.06
	变异系数/%	0.88	0.41	0.70	1.52	1.11	0.89	1.23	0.34

浮游植物生物量介于 10.04～39.64 mg/L，总均值为（23.72±8.06）mg/L，如图 3-5 和表 3-1 所示。根据 Kruskal-Wallis 非参数检验分析显示，浮游植物生物量的季节变化也存在极显著差异（$P<0.01$）。2011 年 6 月夏初，随浮游植物总体丰度的增加，生物量也呈持续上升趋势，直至 8 月夏末，生物量出现峰值，为（31.47±21.75）mg/L，该期间硅藻及裸藻类群的生物量较大，与总生物量的变化一致，而后随硅藻及裸藻类群丰度及生物量急剧下降，初秋 9 月末的总生物

量也下降至（23.95±11.26）mg/L。进入秋季 10 月末，随硅藻类群的丰度及生物量的增加，总生物量又出现上升趋势，峰值生物量为（34.99±27.15）mg/L。进入冬季后，除裸藻类群的生物量有所增加，其他类群的生物量均减少，导致该时期生物量处于较低水平，生物量为（12.88±10.30）mg/L。2012 年春末 5月，与丰度的变化相同，生物量也出现较高值，为（39.64±27.07）mg/L，而后急剧下降，其中硅藻及裸藻类群生物量的季节变化与之较为一致。进入夏季 6月，蓝藻类群生物量持续增多，而后又出现下降趋势，绿藻以及裸藻类群的生物量有所减少，隐藻类群的生物量在进入夏末时出现峰值。总体而言，2012 年夏季生物量的变化趋势比较平缓。进入秋季，生物量持续下降，直到秋末 10 月，生物量处最低水平，为（10.04±6.60）mg/L。与上年同期相比，2012 年生物量水平明显偏低，同时各类群的生物量在该时期也处于较低值。从进入冬季到次年春末 5 月，生物量水平较高，峰值的生物量为（25.35±21.43）mg/L，该时期裸藻及硅藻类群的生物量的变化趋势与总生物量的变化较为一致。进入夏季后，各类群的生物量均有不同程度的上升，其中蓝藻类群生物量的增加较为明显，导致该时期总体生物量的水平较高。

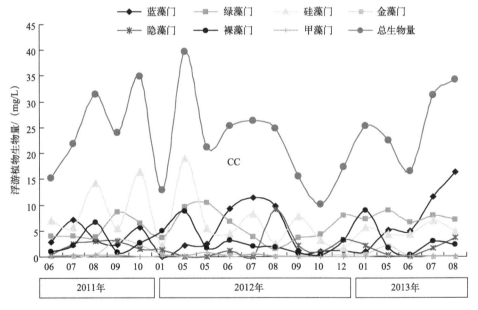

图 3-5 乌梁素海浮游植物生物量的季节变化

总体而言，在本次调查期间，2012 年的浮游植物无论是丰度季节变化还是生物量季节变化均较为特殊，呈现春季丰度、生物量明显偏高的变化规律，而2011 年及 2013 年的浮游植物丰度、生物量表现为夏季 7 月、8 月高于其他季节的变化趋势，具有一定的重现性。由于影响浮游植物丰度及生物量变化的因素较多，是其生境的物理、化学、生物以及水文动力条件等多个因素作用的结果，加之乌梁素海湖泊受人为影响较大，导致浮游植物的演替规律不明显。

3.2.2.2　浮游植物丰度、生物量时空差异分析

根据 Kruskal-Wallis 非参数检验分析显示，各样点间浮游植物丰度、生物量存在极显著性差异（$P<0.01$），说明湖区各样点间浮游植物丰度、生物量随时间的变化并不同步。不同样点的浮游植物丰度、生物量随时间的变化如图 3-6 所示。从图中可以看出，入湖区域 J11 样点在整个调查期间的浮游植物丰度值都明显低于其他湖区，且随时间的变化特征不明显，主要原因是该区位于乌梁素海的入湖口河道附近，大量夹杂泥沙的入湖水导致该区的透明度较低，从而减少入湖

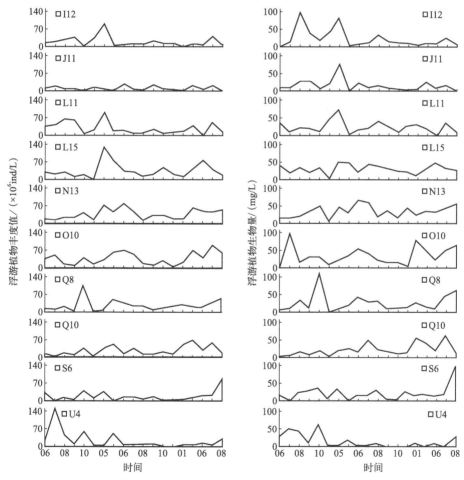

图 3-6　乌梁素海浮游植物丰度、生物量的时空变化

的光照，可能是造成该区域浮游植物丰度及生物量较低的直接原因。湖区出口处的 U4 样点较为特殊，2011 期间丰度与生物量均较高，而其他期间的丰度明显减少，分析原因可能与 2012 年以后该区围栏养鱼的关系较大。I12 与 L11 样点的丰度随时间的变化规律比较相似，表现为 2011 为年夏季、秋季以及 2012 年为春季丰度较高。湖区东北部 L15 站点、湖区中部 N13 站点、O10 站点的季节变化规律相似，表现为每年的春季、夏季的丰度较高。湖区南部 Q8、Q10 与 S6 站点处的季节变化特征相似，在 2011 年春季、夏季的丰度均偏低，在 2011 年的秋季、冬季的丰度上升，在 2013 年夏季丰度增加。从各样点的浮游植物生物量随时间的变化图中可以看出，所有站点中只有入湖区域 I12、湖中部 O10 样点的生物量与其丰度值变化不一致，主要是 2011 年春季期间的 I12 样点以及湖中部 O10 样点的生物量明显较偏高，这主要与分布的不同藻种有关。

3.2.3　浮游植物群落时空差异及群落特征指数分析

3.2.3.1　浮游植物群落时空差异

2011 年 6 月期间，西大滩 J11、L11 样点主要以绿藻门的绿球藻、硅藻门的小环藻组成，分别占各样点藻数量的 62.2%、71.54%；东大滩 L15 样点以绿藻门的空心藻占绝对优势，所占比例高达 73.26%；Q8、Q10 样点主要藻种有蓝藻的小席藻、绿藻的绿球藻以及硅藻的小环藻、针杆藻，分别占总数的 80.49%、78.34%；在湖区南部，蓝藻所占比例较大，其中 S6 样点的蓝纤维藻，占总数量的 81.52%，U4 样点的束球藻、平裂藻，占总数量的 65.96%。金藻在各样点所占比例在 10%~20% 之间，也是该时期各样点的主要藻种。

2011 年 7 月期间，硅藻、金藻的组成比例下降，蓝藻、绿藻的比例上升，其中 N13、O10、Q10 等样点出现颤藻和隐藻，数量比例在 20%~30% 之间。西大滩 I12、J11 样点仍以绿藻门的绿球藻、硅藻门的小环藻组成，但绿藻的组成比例上升；L11 样点主要藻种有绿藻门的多芒藻、绿球藻、空心藻以及蓝藻门的平裂藻，占总数的 71.80%；湖中部 N13、O10 样点的主要藻种为颤藻、衣藻、绿球藻和隐藻，分别占总数的 68.6%、79.80%；湖区南部 S6、U4 样点仍是以蓝纤维藻、束球藻、平裂藻为主要藻种，且蓝纤维藻数量较大。

2011 年 8 月期间，西大滩 J11、L11 样点以小环藻占绝对优势，分别占总数的 85.7% 和 74.50%；湖中部 N13 样点以小环藻、针杆藻、隐藻以及绿球藻为主要藻种，占总数的 68.93%；O10、Q8、Q10 样点出现数量较多的螺旋藻，其他主要藻种有小席藻、绿球藻、隐藻以及针杆藻；S6、U4 样点的蓝藻数量下降，而针杆藻、桥弯藻等硅藻的数量较大。

2011 年 9 月下旬，蓝藻的数量明显减少，而单边金藻的丰度较高，尤其在西大滩 J11、L11、J11 样点以及湖中部的 N13、L15 样点的比例均达到 70％以上；O10、Q8、Q10 样点的主要藻种为单边金藻、衣藻以及席藻，分别占总数的63.58％、63.5％ 和 70％；S6 样点以衣藻为主要藻种，占总藻数比例高达 61.89％。

2011 年 10 月下旬，蓝藻以及绿藻数量较小，主要以硅藻门的小环藻、针杆藻以及金藻门的藻种为主。西大滩 J11、L11、I12 样点以小环藻、金藻为主要藻种，其中小环藻所占总数比例均高于 60％；湖中部 N13 样点的主要藻种有金藻、小环藻以及四球藻，藻种之和占总数的 80.76％，且三个藻种的数量均较大；Q8样点的主要藻种有金藻、小环藻、针杆藻、舟形藻以及桥弯藻，藻种之和占总数的 67.20％，其中金藻的数量比例较大，达 35％；Q10 样点以金藻、小席藻以及衣藻为主要藻种；湖区下游的 S6 和 U4 样点的针杆藻和桥弯藻的相对丰度较大。

2012 年 1 月下旬，与 10 月相比，硅藻门的小环藻、舟形藻、针杆藻、金藻门的金藻仍是该时期的主要藻种，而绿藻门的衣藻和裸藻门的扁裸藻数量有所增加。湖区的北部 L11、N13、O10 区域，主要出现的藻种为衣藻和金藻，所占总数的比例均高于 70％；L15 样点的螺旋藻数量较大，主要藻种为螺旋藻和衣藻，所占总数的比例为 93.98％；湖区的南部 Q8、Q10、S6、U4 区域，主要以衣藻、针杆藻、舟形、小环、金藻等为主要藻种，所占总数的比例均高于 70％。

2012 年 5 月上旬，西大滩 I12、J11、L11 样点主要以绿藻门的绿球藻、硅藻门的小环藻、舟形藻组成，同时 J11 样点的还出现较多的尾裸藻；湖区东大滩L15 以及中部的 N13 样点，主要的藻种有蓝纤维藻、针杆藻以及栅藻，其中蓝藻门的蓝纤维的数量较多，达 26％以上；湖区南部的 Q8、Q10、S6、U4 区域主要藻种有蓝纤维藻、小球藻、衣藻、栅藻以及舟形藻，且各藻种的数量相差不大。

2012 年 5 月中旬，硅藻门的针杆藻、舟形藻以及金藻的数量大幅度减少，尤其是针杆藻和金藻在一些样点基本消失，而且湖区各个样点的浮游植物群落结构差异不大，均以栅藻、小球藻、卵囊藻以及小环藻等组成，在西大滩 J11、L11、I12 样点处色球藻所占比例较大，达 15％～30％之间，但数量少于湖区东大滩 L15 样点以及中部的 N13、O10、Q8、Q10 样点；湖区南部出现较高丰度的平裂藻，尤其是 Q10、U4 等样点，所占总藻数比例达 30％。

2012 年 6 月下旬，蓝藻出现的种类以及数量都较 5 月份有所增加。但整体而言，浮游植物的群落结构还是以栅藻、小球藻、卵囊藻以及小环藻等为主要藻种。其中西大滩 J11、L11、I12 样点的色球藻所占比例呈明显下降，而湖区的L15、N13、O10、Q8 样点的色球藻仍保持较高丰度，但所占该样点总藻属的比例不大；湖区大部分的区域都出现了微囊藻和鞘丝藻，数量不大，基本在 5％左右；湖区南部样点处平裂藻的数量仍较多，但与5月份不同，Q10和U4样点处的数量明显下降，而O10、Q8两个样点的平裂藻的丰度较高，占各样点总藻数量的25%。

2012年7月下旬，湖区中蓝藻的数量仍在上升，且在湖区I12、L11、L15、N13、S6样点处占优势，主要藻种有席藻、尖头藻以及平裂藻，三个藻种之和占各样点总藻数的43%～75%，其中L11样点的蓝藻数量最高，占75%，其组成主要是尖头藻，单藻所占该样点比例达39.2%；湖区西大滩的I12以及J11样点的小环藻数量较大，单藻占各样点总数的26%和39.1%；湖区中的N13、O10、Q8以及Q10样点处的针杆藻数量也较多，单藻所占比例为11%～23.5%。

2012年8月中旬，湖泊区中蓝藻、绿藻、硅藻以及其他藻种的数量均下降，但出现的蓝藻类群的比例有所增加，全湖区域的蓝藻数量所占各样点藻数量比例在26.67%～82.74%之间。主要出现的蓝藻种类有项圈藻、席藻、尖头藻、平裂藻以及颤藻。其中J11样点主要由尖头藻、颤藻以及平裂藻组成，三种藻类之和占该样点藻数量的80.3%，L11样点的项圈藻、尖头藻及颤藻之和所占比例达73.6%，S6样点也主要由尖头藻、平裂藻以及颤藻组成，三者之和所占比例达77.5%。绿藻及硅藻的数量不大，除O10样点的小球藻分布较多，占该样点藻数量的28.92%，以及Q8样点的脆杆藻占该样点藻数量的30.04%，其他湖区处均数量较少。

2012年9月中旬，湖区硅藻和绿藻的数量有所上升，蓝藻的数量下降。其中硅藻在湖区西大滩以及东大滩分布较多，主要出现的藻种有小环藻、针杆藻、舟形藻以及茧形藻，其中硅藻的小环藻在入湖口J11及I12附近分布较多，所占各样点藻数量的30%左右，其他针杆藻、舟形藻以及茧形藻在东大滩L15以及湖中部N13区域的分布较多，所占各样点藻数量的68.72%和68.97%。该时期绿藻出现的种类较丰富，有衣藻、小球藻、栅藻、纤维藻、胶网藻等，其中衣藻在I12样点分布较多，占该样点藻数量的38.07%，其他的绿藻在湖区西大滩J11以及I12样点的比例为48.60%和78.6%，湖区中部的比例在30%左右，湖区南部的分布较少。蓝藻种主要有平裂藻、项圈藻以及色球藻。平裂藻和色球藻在湖区的南部S6占绝对优势，两藻种之和占该样点藻数量的75.98%，出口U4样点主要分布有羽纹藻、针杆藻以及平裂藻，三种藻之和占该样点藻数量的72.81%，蓝隐藻仅在O10出现较多，占该样点藻数量的24.24%。

2012年10月，湖区蓝藻的数量仍在下降，且在湖区入口以及东大滩的相对数量较少，在10%以内。湖区南部区域出现的数量比例略高，在15%左右。湖中部以及南部出现的蓝藻种类较多，有尖头藻、色球藻、蓝纤维藻以及平裂藻，其中湖中部Q10主要以席藻数量最多，占该样点藻数量的76.70%。绿藻出现的主要藻种与9月相差不大，有衣藻、栅藻、卵囊藻以及纤维藻，其中衣藻在I12样点数量增多，占该样点藻数量的43.05％，其他出现的栅藻、卵囊藻等绿藻在全湖均有分布，数量比例在10％～20％之间。湖区硅藻的相对数量上升，在L11样点硅藻比例达80.33％，其他湖区的比例在均在30％～50％之间。根管藻在该时期出现，但其数量不大，在10％左右，其他舟形藻、小环藻在全湖均有分布，且以小环藻居多，湖中部分布较多，在40％～50％之间。

2012年12月，蓝藻在湖区I12样点、Q8样点、Q10样点的相对数量增加，所在比例分别为48.10％、64.32％和35.05％。其中尖头藻在Q8样点数量较多，所占比例为63.51％。席藻在I12样点、Q10样点所占比例为37.62％和18.69％。绿藻的种类较少，主要是衣藻和鼓藻。衣藻在全湖均有分布，但其数量不大，比例在10％左右，鼓藻主要在J11样点、L15样点以及S6样点分布较多，所占比例为57.14％、75.54％和70.73％。硅藻的相对数量减少，藻种主要是小环藻，在L11样点占优势，比例为53.60％。蓝隐藻以及鳞孔裸藻数量没有明显的变化，出现比例在0.48％～18.13％之间。

2013年1月，湖区的蓝藻减少，但在J11、L15以及Q10样点分布较多，比例为50.00％、36.55％和25.38％，其他区域相对比例较小，主要藻种为颤藻、尖头藻以及席藻。衣藻在I12样点相对比例较高，占67.24％，其他区域分布相对比例不足10％。鼓藻在湖中部L15、N13、O10分布在30％左右，湖区南部S6分布较高，占71.19％。L11、Q8样点以小环藻为主，相对比例为69.37％、72.52％。

2013年5月，与2011年相比，蓝藻出现的种类增多且数量增加，尖头藻基本消失，出现蓝纤维藻、平裂藻、鱼腥藻、螺旋藻、腔球藻等。色球藻在Q8以及L15点分布较多，比例在45％左右。腔球藻仅在Q10和S6点分布较多，比例为35％和40.94％。其他蓝藻在湖中部及南部分布较多。绿藻在各样点的相对比例增加，基本在30％～70％之间，出现的藻也较多，有衣藻、纤维藻、小球藻、鼓藻、栅藻、卵囊藻、四角藻等。硅藻在全湖的比例在I12、J11以及U4样点分布较多，在35％～48％之间，其他区域仅在10％左右。

2013年6月，蓝藻在湖区S6及U4样点分布较多，主要藻种为束球藻、色球藻以及平裂藻，比例为68.50％和77.25％。湖区中部的区域主要分布有空心藻、衣藻、胶网藻、栅藻以及小球藻，所占比例为60％左右。J11样点以小环藻、等片藻占优势，所占比例为70.63％，其他样点的硅藻组成差异不大，为主要为小环藻、等片藻、星杆藻，所占比例在5％～20％之间。

2013年7月，蓝藻、绿藻以及硅藻的数量均增加，其群落结构差异较大。蓝藻主要出现的藻种有颤藻、鱼腥藻、色球藻以及席藻，主要分布在L15、N13、

Q8、Q10、S6、U4 样点，比例在 48.45％～82.33％之间。其他样点分布仅在 10％左右。绿藻主要出现的藻种有栅藻、衣藻、空心藻及小球藻，除 O10 样点衣藻在分布较多，占 83.92％，其他区域绿藻组成群落差异不大。硅藻分布有明显特征，主要在西大滩分布较多，其中 J11 样点的小环藻、等片藻占优势，组成比例为 96.83％，I12 样点以及 L11 样点分别为 35.35％和 42.11％。其他区域分布较少，在 10％左右。

2013 年 8 月下旬，该时期硅藻出现的种类也明显增多，主要有小环藻、等片藻、直链藻、舟形、针杆藻等。舟形藻、针杆藻、脆杆藻等多出现在湖区南部、组成比例不大，在 10％左右。小环藻、等片藻、直链藻成为湖区西大滩的 I12、J11 样点优势种类，所占比例为 80.79％和 94.25％。绿藻以及蓝藻出现种类与 7 月相差不大，且主要分布在湖区中部及南部。

蓝藻、绿藻以及硅藻是乌梁素海浮游植物群落的主要组成类群，三个类群所占比例约在 40％～90％之间，其次为裸藻及隐藻，金藻以及甲藻出现的比例较少，仅在个别时期出现。乌梁素海各样点间浮游植物组成具有明显的特征。入湖口的 J11 样点在整个调查期间硅藻相对丰度以及生物量均较高，是该区域的主要组成类群，在 2011 年间，硅藻相对生物量达 80％。I12 样点的蓝藻、绿藻、硅藻丰度以及生物量组成比例比较稳定，季节变化不明显，只有裸藻在冬季表现出较高的生物量。湖区中部 L15 点和 N13 点的绿藻和蓝藻相对丰度增加，且绿藻增加较为明显，同时硅藻的相对丰度有所减少。湖区中部、南部以及出湖口蓝藻的相对比例依次呈增加趋势，而硅藻的比例明显下降。裸藻在 J11 样点以及湖区南部等样点相对生物量较少。不同样点处各门浮游植物类群相对丰度和相对生物量随时间的变化如图 3-7 所示，乌梁素海主要浮游植物物种的季节变化如图 3-8 所示。

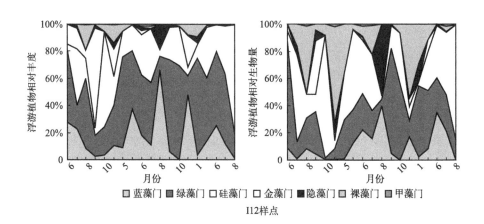

I12样点

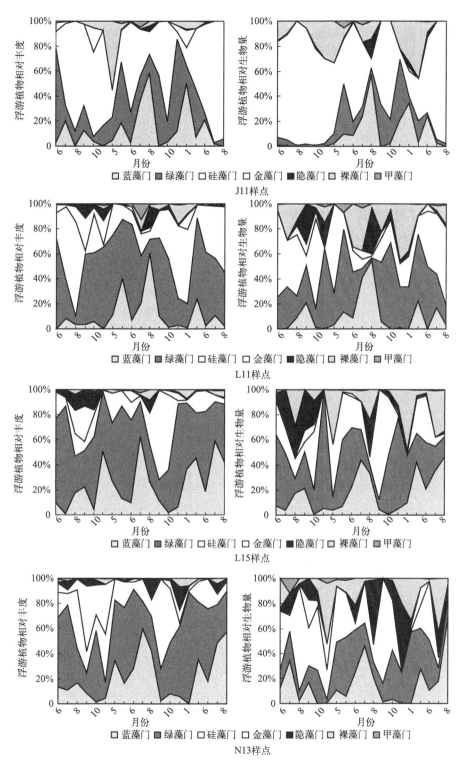

图 3-7

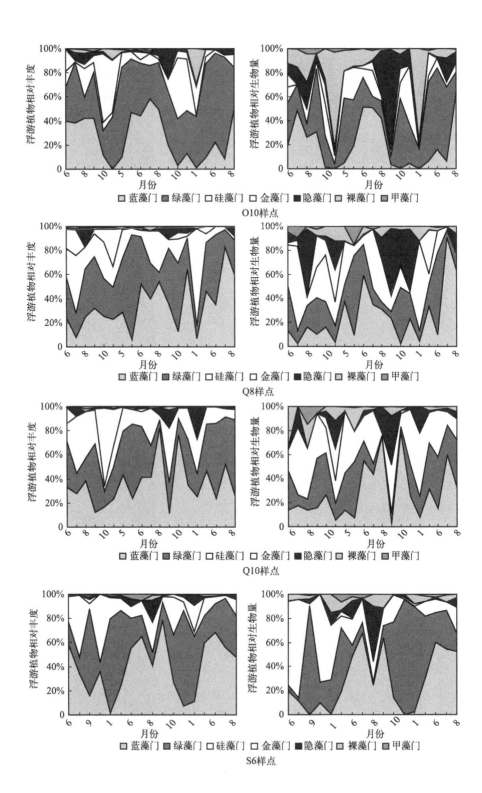

内蒙古典型湖泊浮游植物群落特征及生态效应研究

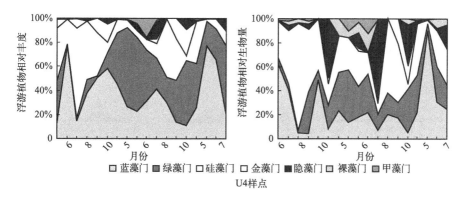

U4样点

图 3-7　不同样点处各门浮游植物类群相对丰度和相对生物量随时间的变化

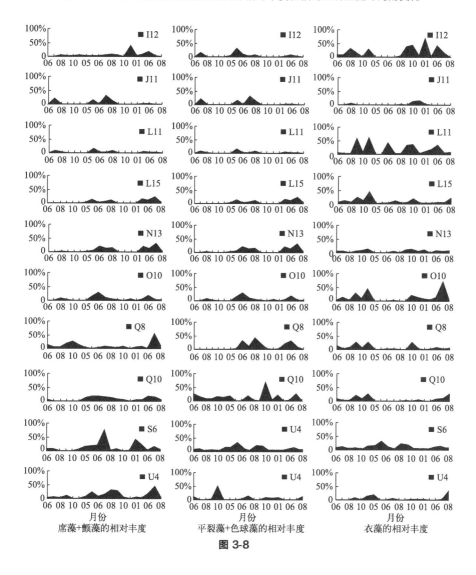

图 3-8

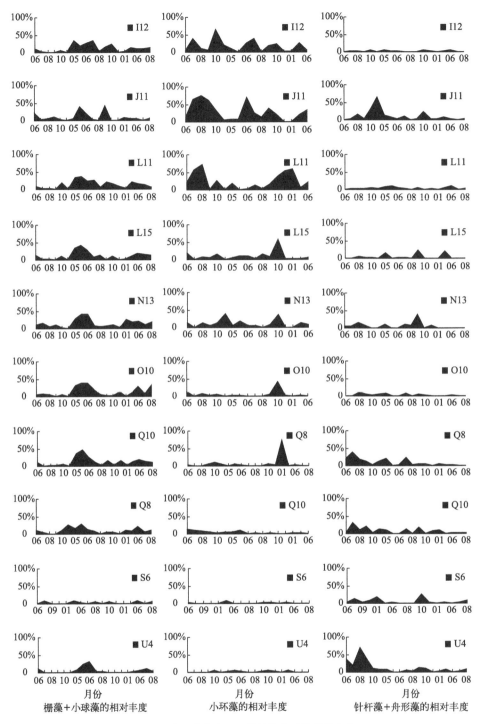

图 3-8 乌梁素海主要浮游植物物种的季节变化

内蒙古典型湖泊浮游植物群落特征及生态效应研究

3.2.3.2 浮游植物群落特征指数分析

（1）浮游植物多样性的季节变化 生物多样性指数被用来判断一个群落或一个生态系统的稳定性，即群落中物种的种类越多，群落越复杂，其生态系统越稳定，自我的调节功能越强。通常物种多样性指数与群落中物种的组成以及数量有关，即群落结构发生变化，其相应的群落多样性指数也会发生变化，因此多样性指数可以用来评价水体环境的污染情况。

目前用于浮游植物多样性研究的常用的三个指标为物种丰富度指数 D、物种香农-威纳多样性指数 H 以及物种均匀度指数 J，这三个指标从不同的角度反映物种的多样性特征。物种丰富度指数 D 是反映一个群落或生境中种的数目和多寡，表示生物群聚（或样品）中种类丰富程度的指数。物种香农-威纳多样性指数 H 是基于物种数量反映群落种类多样性，通常一个群落中物种多样性指数越高，表明该生物群落的复杂程度越高。物种均匀度指数 J 是反映一个群落或生境中全部种的个体数的分配情况，是表示生境中种属组成的均匀程度。

（2）浮游植物丰富度指数 D 分析 由图 3-9 对调查期间浮游植物多样性分析可知，丰富度指数 D 介于 0.68～3.92，均值为 1.71±0.42。2011 年 6 月—2012 年 8 月，月平均丰富度指数 D 在 1.31～1.50 之间，波动变化不大，各样点随时间的变幅均较小。2012 年 5 月下旬到秋季的丰富度指数 D 水平明显高于其他两个调查年度（2011 年和 2013 年），各月平均值达 2.0～2.8 之间，其中 5 月下旬与夏季 8 月的平均丰富度指数 D 分别为 2.47 和 2.83。2013 年期间，丰富度指数 D 又呈现回落趋势，均值在 1.35～1.82 之间，其中春季 5 月平均丰富度指数 D 高于夏季，为 1.82。根据 Kruskal-Wallis 非参数检验分析显示，丰富度指数 D 在各月各样点均具有显著性差异。根据沈韫芬等以及众多学者利用浮游植物丰富度指数 D 对水质评价标准：$D>3$ 表示水质无污染；$2<D<3$ 表示水质为 β-中度污染；$1<D<2$，水质为 α-中度污染；$0<D<1$ 表示水质为重度污染。调查期间的第一个调查年度以及第三个调查年度，乌梁素海均属于 α-中度污染，第二个调查年度（5 月、6 月、7 月、9 月）属于 β-中度污染。

（3）浮游植物香农-威纳多样性指数 H 分析 调查期间，香农-威纳多样性指数 H 介于 0.44～3.78，均值为 2.06±0.39，如图 3-10 所示。根据 Kruskal-Wallis 非参数检验分析显示，香农-威纳多样性指数 H 在各月各样点具有显著性差异。整个调查期间的变化规律不明显，仅秋季的香农-威纳多样性指数 H 有下降的趋势。根据香农-威纳多样性指数 H 对水质的评价标准，$H>3$ 表示水质无污染；$2<H<3$ 表示水质为 β-中度污染；$1<D<2$ 表示水质为 α-中度污染；$0<D<1$ 表示水质为重度污染。第一调查年度与第二调查年的秋季 10 月、冬季 12

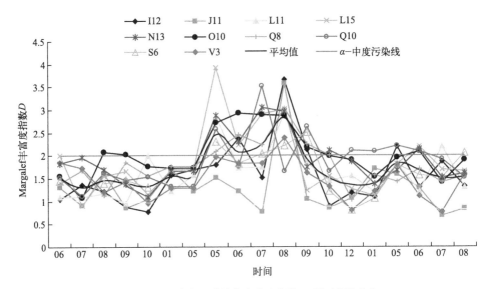

图 3-9 乌梁素海浮游植物丰富度指数 D 随时间的变化

月和 1 月等时期的香农-威纳多样性指数 H 均处于 α-中度污染，其他时期均处于 β-中度污染。

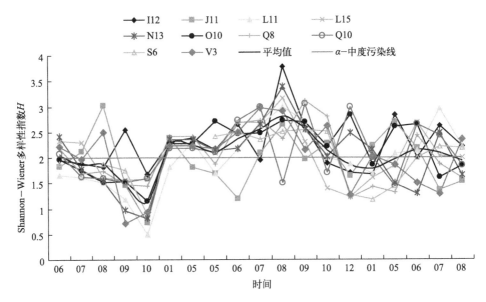

图 3-10 乌梁素海浮游植物香农-威纳 H 随时间的变化

（4）浮游植物均匀度指数 J 分析　　调查期间，均匀度指数 J 介于 $0.17 \sim$ 0.90，均值为 0.53 ± 0.11，如图 3-11 所示。均匀度指数 J 的 Kruskal-Wallis 方

差表明，各月间均匀度指数 J 具有显著性差异，而各样点之间没有显著性差异。根据均匀度指数 J 对水质的评价标准，$0.5<J<0.8$ 表示水质轻污染或无污染；$0.4<J<0.5$ 表示水质为 β-中度污染；$0.3<J<0.4$ 表示水质为 α-中度污染；$0<J<0.3$ 表示水质为重度污染。乌梁素海 2011 年初夏 6 月、2011 年初秋 9 月、2012 年夏季 7 月、2012 年秋季 9 月和 10 月以及 2013 年春季 5 月、夏季 6 月、7 月、8 月和秋季 9 月均属于轻度污染；2011 年夏季 7 月和 8 月、2012 年秋季 10 月、冬季及 2012 年春季 5 月初属于 β-中污染；2012 年春末 5 月及 2012 年冬季 12 月、2013 年 1 月属于 α-中度污染。

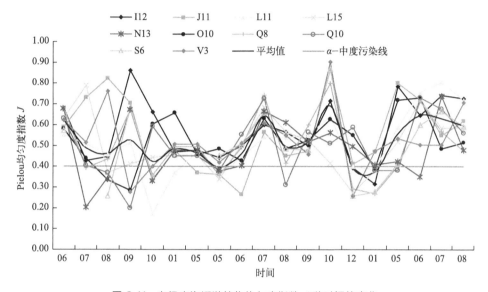

图 3-11 乌梁素海浮游植物均匀度指数 J 随时间的变化

综合上述分析可知，三个多样性指标对水质的评价并不一致，其中丰富度指数 D 以及香农-威纳多样性指数 H 表示乌梁素海处于中度污染水平，各季节呈现 α、β 污染型，而均匀度指数 J 对水质评价显示乌梁素海属于轻度污染水平。从三个指标的季节变化情况可以看出，乌梁素海浮游植物三个多样性指数没有明显季节重现性，但其能大体表现出冬季较其他季节污染较重。

利用浮游植物多样性指数对水环境的评价一直备受研究学者的关注。沈爱春等研究太湖夏季不同类型湖区浮游植物群落结构发现，草型湖区的浮游植物多样性要高于藻型湖区。张民等比较云贵高原的 13 个湖泊夏季的浮游植物组成及多样性发现，与其他污染较重的长桥海、大屯海、滇池以及异龙湖相比，草海的浮游植物具有丰度较低、多样性指数较高的特征。乌梁素海属大型的草-藻型湖泊，内生长着大量的水生植物，使得乌梁素海湖区内营养物质及水动力等生境呈现多样性，复杂性。虽湖区富营养的程度较高，但其浮游植物的丰度以及物种多样性均表现较高。本书认为，这主要与乌梁素海湖区特定的环境有关，其环境具有较大的异质性，导致这一现象的产生。Reynolds 等也认为，浮游植物群落多样性是与其生境的资源丰富程度及生境的复杂程度密切相关。多样性指数越高，其生境提供的资源越丰富，生境越复杂。

将调查期间所有样点的浮游植物多样性指标与其丰度、生物量进行相关性分析（表3-2）。浮游植物丰富度指数 D 与丰度值以及生物量均呈显著正相关（$P<0.05$），说明乌梁素海物种的丰富度指数 D 受物种数量的影响较大，而香农-威纳多样性指数 H 不仅与丰富度指数 D 呈极显著正相关（$P<0.01$），还与均匀度指数 J 呈极显著正相关（$P<0.01$），说明乌梁素海物种多样性指数的大小同时受物种的种类数以及物种出现的均匀程度两个因素的影响。

表 3-2 乌梁素海浮游植物特征指标相关性矩阵

指标	丰富度指数 D	香农-威纳多样性指数 H	均匀度指数 J	丰度值	生物量
丰富度指数 D	1	0.559**	− 0.005	0.166*	0.167*
香农-威纳多样性指数 H		1	0.524**	− 0.013	− 0.009
均匀度指数 J			1	− 0.070	− 0.117
丰度值				1	0.678**
生物量					1

注： ** 表示极显著（$P<0.01$）， * 表示显著（$P<0.05$）。

3.2.4 浮游植物群落与环境因子的关系研究

排序是生态学中研究物种与环境因子重要的手段之一，发源于陆生植被群落学的数量分析。排序的过程就是将样方或是植物种排列在一定的空间，使得排序轴能够反映一定的生态梯度，从而能够解释植被或是物种的分布与环境因子间的关系，也就是排序是为了揭示植物-环境间的生态关系。因此，排序也叫梯度分析（gradient analysis）。根据物种与环境因子之间的关系，可将其分为线性模型和非线性模型。线性模型是某个物种随某个环境因子变化呈现线性变化。但大多数情况，物种与其环境因子不是线性关系，而是非线性关系。非线性模型一般指二次曲线模型，最为著名的是高斯模型（Gaussian model）（或叫高斯曲线 Gaussian model）。大多数情况下，物种与其环境因子的复杂关系能用高斯模型或是二次曲线解释，通常将这些模型均称为单峰模型。冗余分析（redundancy analysis，RDA）和典范对应分析（canonical correspondence analysis，CCA）是近20年来使用较为广泛的直接梯度分析技术。冗余分析是基于线性模型，而典范对应分析是基于单峰模型。

本研究为了揭示基于季节变化下的乌梁素海主要浮游植物物种与环境因子的关系，以3个调查年度中各月浮游植物物种数据及同步的水质数据，利用CANOCO4.5软件进行主要浮游植物物种与环境因子的对应分析，其中物种数据采用浮游植物丰度指标，按照物种在各样点出现的频度＞12.5%，且至少在一个样点的相对丰度≥1%，共有S1～S31个主要浮游植物物种。将物种矩阵经$\lg(x+1)$转换，以文件格式.spe录入。环境因子共选取水深（WD）、水温（T）、透明度（SD）、pH值、电导率（EC）、叶绿素a（Chl. a）、溶解氧（DO）、总氮（TN）、总磷（TP）以及总溶解性固体（TDS）等10个水质参数。环境数据除pH值外均进行$\lg(x+1)$转换，以文件格式.env录入。在进行对应分析之前，先将各月的主要浮游植物物种数据进行去趋势的间接梯度分析（detrended correspondence analysis，DCA），结果发现每个排序轴的梯度长度值（lengths of gradient）均小于3，因此采用线性模型的冗余分析进行物种与环境因子的排序更为合适。在进行RDA分析时，还需要对所选的11个环境因子进行蒙特卡罗置换检验（Monte Carlo permutation test），以保证环境因子对浮游植物物种有较好的解释。结果显示，WD、T、DO环境因子呈极显著关系（$P<0.01$）；TN、EC、TDS、TP呈显著关系（$P<0.05$）；SD、pH呈不显著关系（$P>0.05$）。排序结果用物种-环境因子关系的双序图表示。

在RDA排序图中，带细箭头的实线表示浮游植物物种，带粗箭头的实线表示环境因子，如图3-12所示。环境因子实线所处的象限表示环境因子与排序轴间的正负相关性。物种实线之间夹角的余弦值表示物种之间相关性的大小，夹角越接近于直角，认为两者相关性越低。物种实线与环境因子实线之间夹角的余弦值表示物种与环境因子之间相关性的大小，同样也可以通过从物种箭头处向环境因子实线做垂线，垂线与环境因子连线相交点离箭头越近，表示该物种与该环境因子的相关性越大，沿环境因子箭头的正方向为正相关性，沿环境因子箭头的反方向为负相关性。

RDA排序图显示，分布在排序图右上方的茧形藻与湖水中总溶解性固体以及电导率的关系极为密切，同时与总氮、总磷关系密切，结合排序图中各环境因子的梯度分布，表明茧形藻主要分布在浅水、低水温、高总氮浓度的区域；分布在排序图上方的扁裸藻、舟形藻、衣藻、尖头藻主要分布在低水温、高营养盐的区域；分布在排序图左侧的纤维藻、小球藻、四角藻、脆杆藻、鱼腥藻、色球藻以及胶网藻与湖区水深的关系极为密切，结合排序图中各环境因子的梯度分布，

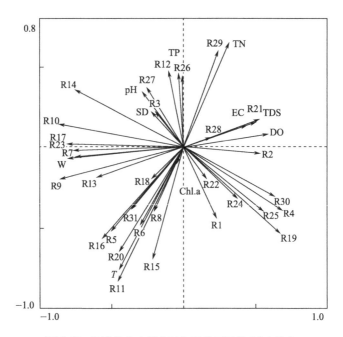

图 3-12 浮游植物主要物种与环境因子的 RDA 排序

R1—项圈藻；R2—席藻；R3—尖头藻；R4—蓝纤维藻；R5—平裂藻；R6—颤藻；R7—鱼腥藻；
R8—束球藻；R9—色球藻；R10—小球藻；R11—空心藻；R12—衣藻；R13—胶网藻；
R14—纤维藻；R15—鼓藻；R16—栅藻；R17—四角藻；R18—卵囊藻；R19—绿球藻；
R20—卵形藻；R21—茧形藻；R22—桥弯藻；R23—脆干藻；R24—小环藻；R25—针杆藻；
R26—舟形藻；R27—蓝隐藻；R28—隐藻；R29—扁圆裸；R30—裸藻；R31—多甲藻

表明纤维藻、小球藻、四角藻、脆杆藻、鱼腥藻、色球藻以及胶网藻主要分布在
深水、高温、低溶解氧的区域；分布在排序图左侧下方的鼓藻、空心藻、颤藻、
束球藻、甲藻、卵囊藻、平裂藻以及栅藻与湖水的温度的关系极为密切，结合排序
图中各环境因子的梯度分布，表明鼓藻、空心藻、颤藻、束球藻、甲藻、卵囊
藻、平裂藻以及栅藻主要分布在高水温、深水、低营养盐的区域；分布在排序图
右侧下方的裸藻、蓝纤维藻、绿球藻、桥弯藻、项圈藻、小环藻、针杆藻受湖水
中多个环境因子的综合影响，因此裸藻、蓝纤维藻、绿球藻、桥弯藻、项圈藻、
小环藻、针杆藻适合的水域环境特征不明显。

在 RDA 统计表 3-3 中，典范轴 1、典范轴 2 对主要浮游植物物种的解释率分
别为 35.3%、14.2%，累计解释率为 49.5%。浮游植物物种与环境因子的相关
性均在 0.8 以上，物种与环境因子的累计方差为 57.8%，解释量较低，而前 3 个
排序轴对物种-环境关系的累积解释变量为 72.8%，因此前 3 个排序轴能很好地
代表和解释浮游植物群落与环境变量之间的关系。从环境因子与排序轴 1 和排序
轴 2 的相关性表 3-4 中可以看出，乌梁素海主要浮游植物物种的季节分布主要受

湖区的水深、温度、溶解氧、总氮的影响较大。其中水深（$r=-0.799$）与排序轴 1 呈强负相关，溶解氧（$r=0.576$）与排序轴 1 呈正相关，温度（$r=-0.741$）与排序轴 2 呈强负相关，总氮与（$r=0.632$）与排序轴 2 呈强正相关。

表 3-3　乌梁素海主要浮游植物物种与环境因子的 RDA 统计分析结果

RDA 统计量	典范轴				合计
	1	2	3	4	
特征值	0.353	0.142	0.129	0.068	1.000
物种-环境相关性	0.986	0.973	0.963	0.819	
物种累积方差/%	35.3	49.5	62.4	69.2	
物种-环境关系累积方差/%	41.2	57.8	72.8	80.7	
所有特征值之和					1.000
所有典范特征值之和					0.858

表 3-4　环境因子与排序轴 1、排序轴 2 的相关系数

环境因子	相关系数	
	排序轴 1	排序轴 2
SD	-0.224	0.216
WD	-0.799	-0.069
T	-0.445	-0.741
pH	-0.285	0.335
EC	0.447	0.137
DO	0.576	0.082
TDS	0.498	0.156
TN	0.311	0.632
TP	-0.034	0.451
Chl. a	0.031	0.097

3.3　结论

本章在对 2011 年 6 月—2013 年 8 月期间乌梁素海湖区浮游植物进行调查的

基础上，首先统计了所有出现的浮游植物物种，分析了各门浮游植物物种的季节组成比例，然后对浮游植物丰度和生物量、群落组成以及多样性指数的季节变化、空间差异进行了分析，并利用多样性指数对水域进行了污染评价，最后结合乌梁素海特定水域情况，深入分析为温度、营养盐与浮游植物丰度及生物量的关系，并运用 RDA 直接梯度分析，对基于季节变化下的主要浮游植物物种与湖区环境因子的关系研究进行了研究。主要结果如下。

共鉴定浮游植物 7 门 110 属 281 种，绿藻种属最多，为 47 属 126 种，其次是硅藻和蓝藻，分别为 25 属 64 种和 22 属 46 种，其他裸藻、金藻、隐藻及甲藻种属相对较少，分别为 9 属 30 种、4 属 8 种、2 属 4 种、1 属 3 种。乌梁素海常见种有小环藻、席藻、衣藻、针杆藻、舟形藻、栅藻、裸藻、金藻、颤藻、卵囊藻、隐藻、纤维藻、蓝纤维藻、小球藻、平裂藻及空心藻。

浮游植物种类的季节变化表现为夏季（属为单位）明显高于其他季节，而其他季节间的相差不大。各季节中浮游植物种类主要以绿藻、硅藻以及蓝藻组成，且均呈现绿藻＞硅藻＞蓝藻，同时三个藻种在各季节所占比例较稳定。

2012 年浮游植物无论是丰度季节变化还是生物量季节变化均较为特殊，呈现春季丰度、生物量明显偏高的变化规律，而 2011 年及 2013 年的浮游植物丰度、生物量表现为夏季高于其他季节的变化趋势，具有一定的重现性。由于影响浮游植物丰度及生物量的变化的因素较多，是其生境的物理、化学、生物以及水文动力条件等多个因素作用的结果，导致浮游植物丰度及生物量的季节变化规律不明显。

各样点间的浮游植物丰度、生物量存在极显著性差异，其中 J11 样点由于位于入湖口附近，大量夹杂泥沙的排水导致该区域的透明度较低，入湖光照减少，可能是导致该区域浮游植物丰度及生物量较低的直接原因，湖区出口处的 U4 样点可能受湖区围栏养鱼的影响，在 2012 年后期的丰度明显减少。

分析表明，蓝藻、绿藻以及硅藻是乌梁素海浮游植物群落的主要组成类群，三个类群所占比例在 40%～90% 之间，其次为裸藻及隐藻，金藻以及甲藻出现的比例较少，仅在个别时期出现。

各样点浮游植物种组成具有明显的特征。入湖口的 J11 样点在整个调查期间硅藻相对丰度以及生物量均较高，是该区域的主要组成类群。I12 样点的蓝藻、绿藻、硅藻组成比例比较稳定，季节变化不明显，只有裸藻在冬季表现出较高的生物量。湖区中部 L15 和 N13 样点的绿藻和蓝藻相对丰度增加，且绿藻增加较为明显，同时硅藻的相对丰度有所减少。从湖区入口、湖区中部、南部到出湖口的蓝藻相对比例依次呈增加趋势，而硅藻比例明显下降。

丰富度指数 D、香农-威纳多样性指数 H 以及均匀度指数 J 没有明显季节重现性，但其均表现出冬季较其他季节污染较重。丰富度指数 D 以及香农-威纳多样性指数 H 指示乌梁素海处于中度污染水平，各季节呈现 α、β 污染型，而均匀度指数 J 对水质评价显示乌梁素海属于轻度污染水平。

乌梁素海浮游植物丰度值与水温呈显著相关，而浮游植物生物量与水温不相关，浮游植物丰度值与水温的直线拟合。乌梁素海湖浮游植物丰度和生物量与总氮均具有显著相关，当总磷浓度在 0.2 mg/L 范围内，浮游植物丰度与生物量与总磷浓度呈显著相关。丰度值与总氮、丰度值、生物量与总磷的回归方程分别为 $y=5.06x+14.96$，$y=136.64x+16.92$，$y=128.15x+13.62$。

RDA 分析表明，乌梁素海主要浮游植物物种的季节分布主要受湖区的水深、温度、溶解氧、总氮的影响较大。茧形藻主要分布在浅水、低水温、高总氮浓度的区域；扁裸藻、舟形藻、衣藻、尖头藻主要分布在低水温、高营养盐的区域；纤维藻、小球藻、四角藻、脆杆藻、鱼腥藻、色球藻及胶网藻主要分布在深水、高温、低溶解氧的区域；鼓藻、空心藻、颤藻、束球藻、甲藻、卵囊藻、平裂藻及栅藻主要分布在高水温、深水、低营养盐的区域；裸藻、蓝纤维藻、绿球藻、桥弯藻、项圈藻、小环藻、针杆藻适合的水域环境特征不明显。

第4章

冰封期浮游植物群落特征及生态环境响应关系

4.1 材料与方法

4.1.1 采样点布置

根据乌梁素海水生植物、水动力特征及入出湖口等情况,将乌梁素海在空间上以 2 km×2 km 的正方形网格进行剖分,在网格的交点处以梅花形布设取样监测点 12 处(图 4-1),其中小海子区域人为干预少,水深小于 0.5 m,且芦苇密集采样船无法到达进行采样,故不设监测点。采样点包括进水口(J11 和 I12)、出水区域(河口,HK)、北部明水区域(L15)、芦苇区域(N13)、旅游区域(Q10 和 Q8)、西大滩(L11)、大卜洞(O10)、大北口(DBK)、海壕(HH)、二点(ED)。

4.1.2 样品采集与处理

本研究采样时间为 2016 年 10 月、11 月和 2017 年 1 月、4 月、5 月进行。参照《湖泊生态调查观测与分析》,因乌梁素海平均水深小于 3 m,故在表层以下 0.5 m 处采样即可。现场测定水深(WD)、水温(T)、pH、透明度(SD)、电导率(EC)、溶解氧(DO)等参数,总氮(TN),总磷(TP)、硝酸氮(NO_3-N)、亚硝酸氮(NO_2-N)、化学需氧量(COD)、叶绿素 a(Chl. a)等其他水质指标需采集 1 L 水样带回实验室进行测定,测定方法参照《水和废水监测分析方法》(第四版)。2017 年 1 月为冰封期,即采水样,也需采冰样,冰层稳定期用冰钻采集器破冰后用采水器采集 1 L 冰下水样带回实验室进行水质测定及浮游植物镜检分类,同时,因不同采样点结冰厚度存在差异,为了确保数据的准确性、

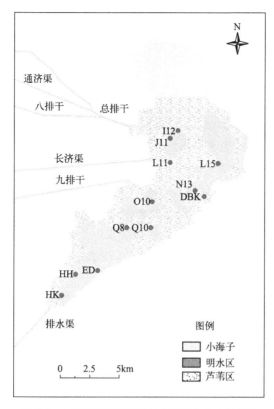

图 4-1 乌梁素海湖区浮游植物采样点分布示意图

完整性，各个采样点酌情按每层 10 cm 分 3～5 层，分别置于 2000 mL 塑料瓶内，及时送回实验室，在室温条件下自然融化后取 1000 mL 进行融水水质测定以及浮游植物的镜检分类。

浮游植物定性样品使用 25 号浮游生物网作"∞"形捞取，用 4％的甲醛溶液固定后带回实验室用于镜检分类。定量样品用采水器采集 1 L 水样后，加鲁哥试剂用来固定，将采集的浮游植物样品带回实验室后经静置、沉降、浓缩至 30 mL，摇匀取 0.1 mL 浓缩样品置于 0.1 mL 计数框内，在 400 倍显微镜下镜检，鉴定浮游植物种类及计算细胞丰度，参照《中国淡水藻类——系统、分类及生态》及《淡水微型生物图谱》等进行浮游植物种类的鉴定。

4.1.3 数据处理

丰富度指数 D、香农-威纳多样性指数 H、均匀度指数 J 以及优势度（Y）指数的计算公式如下：

$$D = (S-1)/\ln N \tag{4-1}$$

$$H = -\sum_{i=1}^{s} P_i \ln P_i \tag{4-2}$$

$$J = H/\ln S \tag{4-3}$$

$$Y = n_i f_i / N \tag{4-4}$$

式中，$P_i = n_i/N$；P_i 为第 i 种藻类的个数与样品中所有藻类个数的比值；n_i 为第 i 种藻类的个数；N 为所有藻类总个数；S 为样品中藻类种类数；f_i 为第 i 种藻类在各站位出现的频率。本研究将优势度 $Y > 0.02$ 的藻类定为优势种。

采用 ArcGIS 10.2 统计模块作为空间分析工具，以反距离插值方法进行区域插值，对浮游植物丰度进行空间分布趋势模拟。采用 CANOCO4.5 软件对物种数据和环境数据进行冗余分析，其中物种数据采用浮游植物丰度指标，按照物种至少在一个样点出现的频度 $> 12.5\%$ 且至少在一个样点的相对丰度 $\geqslant 1\%$ 进行筛选，以降低稀有物种权重，物种矩阵与环境数据（除 pH）经过 $\lg(x+1)$ 转换。

4.2 结果与分析

4.2.1 浮游植物种类组成

2016 年 10 月、11 月以及 2017 年 1 月、4 月和 5 月共鉴定出浮游植物 69 属 120 种，隶属于蓝藻门（Cyanophyta）、绿藻门（Chlorophyta）、硅藻门（Bacillariophyta）、隐藻门（Cryptophyta）、裸藻门（Euglennophyta）和甲藻门（Pyrrophyta）。浮游植物群落以硅藻门最多，为 34 属 50 种，占总种类的 41.67%，其次为绿藻门，为 23 属 31 种，占总种类的 25.83%，蓝藻 18 属 29 种，占总种类的 24.17%，裸藻 3 属 7 种，占总种类的 5.83%，隐藻门 2 属 2 种，甲藻门 1 属 1 种，共占总种类的 2.50%，如图 4-2 所示。种类数以冰封期 1 月份最多，为 117 种，其中 10、5 月份次之，分别为 87、83 种，11 月与 4 月的种类数相差不大，分别为 76 和 74 种，分析浮游植物 6 门种类数随月份变化可知，如图 4-3 所示，乌梁素海浮游植物冻融前后硅藻种类数均占主导地位，且与总种类数随月份的变化趋势相似，硅藻能适应低温环境条件，调查期间所有的硅藻种类均在冰封期 1 月份出现，且冰层硅藻种类大于水层硅藻种类，蓝藻与绿藻种类数次之，随月份的变化较小，金藻、裸藻、隐藻以及甲藻种类数所占比例很小，月份间变化不大。

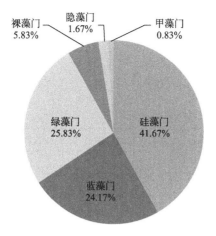

图4-2 浮游植物种类组成比例

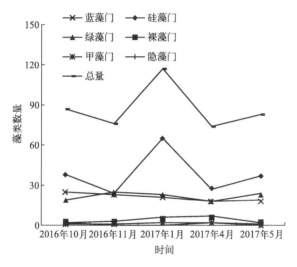

图4-3 乌梁素海浮游植物各门种数量随时间变化过程

4.2.2 浮游植物优势种

乌梁素海冻融前后浮游植物优势种、优势度见表4-1。从表4-1可知，冻融前后浮游植物优势类群差异较大。10月硅藻门、蓝藻门优势度较大，其中蓝藻门的优势种类最多，以蓝藻门的微小平裂藻（*Merismopedia tenuissima*）的优势度最大（0.173），11月硅藻门、蓝藻门、绿藻门优势度较大，其中以硅藻门的梅尼小环藻（0.120）的优势度最大，冰封期1月硅藻门优势种占绝对优势，以硅藻门丰度最高，其中硅藻门的双头辐节藻（*Stauroneis anceps*）（冰层：

0.220）和尖针杆藻（*Synedra acus*）（冰层：0.132；水层：0.180）的优势度最大，结冰消融后的 4、5 月则以绿藻、蓝藻为优势门类，蓝藻门的微小平裂藻（*Merismopedia tenuissima*）（4 月：0.073；5 月：0.155）和绿藻门的双对栅藻（*Scenedesmus bijuga*）（4 月：0.089；5 月：0.121）的优势度最大。

表 4-1 乌梁素海浮游植物优势种名录

优势种		优势度（>0.02）					
		10/2016	11/2016	1/2017（冰）	1/2017（水）	4/2017	5/2017
硅藻门（Bacillariophyta）	箆形短缝藻（*Eunotia pectinalis*）	—	—	0.118	—	—	—
	梅尼小环藻（*Cyclotella meneghiniana*）	0.105	0.120	0.038	0.113	0.102	0.086
	美丽星杆藻（*Asterionella formosa*）	—	—	0.048	—	—	—
	最小舟形藻（*Navicula minima*）	—	0.043	—	—	0.038	—
	肘状针杆藻（*Synedra ulna*）	0.040	—	0.032	—	—	—
	中型脆杆藻（*Fragilaria intermedia*）	—	—	0.030	—	—	—
	隐头舟形藻（*Navicula cryptocephala*）	0.036	—	—	—	—	—
	缢缩异极藻头状变种（*Gomphonema constrictum* var. *capitatum*）	—	—	0.030	—	—	—
	线形菱形藻（*Nitzschia linearis*）	0.074	—	—	—	—	—
	细小桥弯藻（*Cymbella pusilla Grunow*）	—	—	0.036	—	—	—
	微绿羽纹藻（*Pinnularia viridis*）	—	—	0.044	—	—	—

优势种		优势度（>0.02）					
		10/2016	11/2016	1/2017（冰）	1/2017（水）	4/2017	5/2017
硅藻门（Bacillariophyta）	瞳孔舟形藻（*Navicula pupula* Kützing）	—	—	0.032	—	—	—
	双头舟形藻（*Navicula dicephala*）	—	—	0.033	—	0.031	—
	双头辐节藻（*Stauroneis anceps*）	0.090	—	0.131	0.220	—	—
	偏肿桥弯藻（*Cymbella ventricosa*）	—	0.026	—	—	—	—
	美丽针杆藻（*Synedra pulcherrima*）	—	0.039	—	—	0.100	—
	卵圆双眉藻（*Amphora ovalis*）	—	—	0.025	—	—	—
	简单舟形藻（*Navicula simplex*）	0.090	—	0.050	—	—	—
	尖针杆藻（*Synedra acus*）	—	0.084	0.132	0.180	0.105	0.090
	何氏卵形藻（*Cocconeis hustdtii*）	—	—	0.036	—	—	—
	谷皮菱形藻（*Nitzschia palea*）	—	—	0.042	—	0.085	0.032
	放射舟形藻（*Navicula radiosa*）	—	0.058	0.091	—	0.031	0.080
	短小舟形藻（*Navicula exigua*）	—	0.066	—	0.063	0.051	0.039
	窗格平板藻（*Tabellaria fenestrata*）	0.027	—	—	—	—	—
	短线脆杆藻（*Fragilaria brevistriata*）	0.039	—	0.039	—	0.071	0.038

优势种		优势度（>0.02）					
		10/2016	11/2016	1/2017（冰）	1/2017（水）	4/2017	5/2017
蓝藻门（Cyanophyta）	不整齐蓝纤维藻（*Dactylococcopsis irregularis*）	—	—	—	0.050	0.050	0.033
	点形平裂藻（*Merismopedia punctata*）	—	—	—	0.035	—	0.034
	简单颤藻（*Oscillatoria simplicissima*）	0.029	0.021	—	—	—	—
	居氏腔球藻（柔软腔球藻）（*Coelosphaerium kuetzingianum*）	0.051	0.042	—	—	—	0.092
	巨颤藻（*Oscillatoria princeps*）	—	0.032	—	—	—	—
	绿色颤藻（*Oscillatoria chlorina*）	—	0.023	—	—	0.031	—
	束缚色球藻（*Chroococcus tenax*）	0.063	0.028	—	0.047	0.029	—
	铜绿微囊藻（铜锈微囊藻）（*Microcystis aeruginosa*）	0.063	0.066	—	—	—	—
	微小平裂藻（*Merismopedia tenuissima*）	0.173	0.068	—	0.028	0.073	0.155
	微小色球藻（*Chroococcus minutus*）	—	—	0.024	0.043	0.048	—
	细小隐球藻（*Aphanocapsa elachista*）	0.042	—	—	—	—	—
	小席藻（*Phormidium tenu*）	0.025	0.021	—	0.035	—	—
	小型色球藻（*Chroococcus minor*）	—	—	—	—	0.046	0.034

优势种		优势度（＞0.02）					
		10/2016	11/2016	1/2017（冰）	1/2017（水）	4/2017	5/2017
蓝藻门（Cyanophyta）	银灰平裂藻（Merismopedia glauca）	0.056	0.085	—	0.022	—	—
	优美平裂藻（Merismopedia elegans）	0.065	—	—	—	—	0.052
	沼泽颤藻（Oscillatoria limnetica）	0.038	—	—	—	—	—
	中华尖头藻（中华小尖头藻）（Raphidiopsis sinensia）	—	—	—	0.021	—	—
绿藻门（Chlorophyta）	窗形十字藻（铜线形十字藻）（Crucigenia fenestrata）	0.021	—	—	—	—	—
	蛋白核小球藻（Chlorella pyrenoidosa）	—	0.027	—	—	—	—
	二形栅藻（Scenedesmus dimorphus）	—	0.074	—	—	—	0.028
	光滑鼓藻（Cosmarium laeve）	0.025	—	—	—	—	—
	空球藻（Eudorina elegans）	0.029	—	—	—	—	—
	实球藻（Pandorina morum）	—	—	0.026	0.018	—	—
	双对栅藻（Scenedesmus bijuga）	0.021	0.021	—	0.050	0.089	0.121
	四尾栅藻（Scenedesmus quadricauda）	0.047	0.072	0.027	0.037	0.067	0.081
	特平鼓藻（Cosmarium turpinii）	—	0.024	—	0.058	—	—
	小空星藻（Coelastrum microporum）	—	—	—	0.029	—	—

优势种		优势度（>0.02）					
		10/2016	11/2016	1/2017（冰）	1/2017（水）	4/2017	5/2017
绿藻门 (Chlorophyta)	小球藻 (*Chlorella vulgaris*)	—	0.028	—	—	—	—
	斜生栅藻 (*Scenedesmus obliquus*)	—	0.043	—	—	—	—
甲藻门 (Pyrrophyta)	盾形多甲藻 (*Peridinium umbonatum*)	—	0.040	—	—	—	—
裸藻门 (Euglennophyta)	尾裸藻 (*Euglena caudata*)	—	0.033	—	—	0.070	0.043

4.2.3 浮游植物丰度的时空变化

乌梁素海 2016 年 10 月、11 月和 2017 年 1 月、4 月、5 月各月浮游植物平均丰度分别为 3.48×10^7 cells/L、6.20×10^6 cells/L、2.19×10^7 cells/L、1.75×10^7 cells/L、4.60×10^7 cells/L。由浮游植物丰度的时间分布图 4-4 可知，秋季 10 月丰度较大，11 月丰度最小，次年逐渐增多，冰封期 1 月水层浮游植物丰度为冰层浮游植物丰度的 1.30 倍，分别为 9.91×10^7 cells/L、7.63×10^7 cells/L，

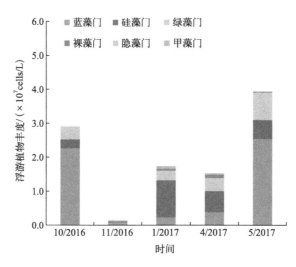

图 4-4　乌梁素海浮游植物各门丰度随时间变化

春季 5 月丰度最大。不同门类浮游植物丰度随月份的变化具有显著规律性，乌梁素海冻融前后的几个月浮游植物丰度均以蓝藻、绿藻以及硅藻为主，但各月随温度变化所占比例差异明显。10 月所占比例最大为蓝藻（78.19%），其次为绿藻（12.68%）；11 月蓝藻（55.23%）比例最大，但相比 10 月有所下降，其次为硅藻（23.55%），硅藻相比 10 月丰度剧增；次年冰封期 1 月硅藻（63.02%）比例最大，其次为绿藻（16.16%）、蓝藻（13.27%）；4 月硅藻（40.62%）比例最大，相比 1 月硅藻比例有所下降，蓝藻与绿藻有所上升；5 月蓝藻比例最大（64.52%），相比 4 月蓝藻急剧增多，硅藻减少。浮游植物种群结构随冻融前后月份先是蓝藻占优势，随着冰封期的到来，蓝藻占比渐少，硅藻占比渐多，冰封期后蓝藻占比渐多，硅藻占比渐少。

各月浮游植物丰度的空间差异较大（图 4-5），10 月表现为南部明显高于北部，南部明水区的采样点（二点、海壕、河口）形成密集区，其高值区主要分布蓝藻门的微小平裂藻、优美平裂藻以及细小隐球藻等；11 月也为南部明水区（海壕、河口）浮游植物丰度最高，其高值区主要分布有硅藻门的尖针杆藻、蓝藻门的微小平裂藻、银灰平裂藻、铜绿微囊藻等；冰封期 1 月浮游植物丰度在湖区北部较高，而硅藻基本遍布全湖，硅藻丰度占 1 月总体浮游植物丰度的63.02%，高值区主要分布有双头辐节藻、尖针杆藻、箆形短缝藻、放射舟形藻等；4 月湖区北部以及南部浮游植物丰度有两个密集区，其高值区主要分布有蓝藻门的微小平裂藻、绿藻门的双对栅藻、四尾栅藻等；5 月湖区北部以及南部浮游植物丰度也有两个较为密集的区域，高值区主要分布有蓝藻门的居氏腔球藻、微小平裂藻，绿藻门的双对栅藻、四尾栅藻，硅藻门的尖针杆藻、梅尼小环藻。

图 4-5

图 4-5 乌梁素海湖区浮游植物丰度空间变化

4.2.4 浮游植物多样性分析

多样性指数为浮游植物群落特征的重要参数，多样性指数反映浮游植物群落结构的变化。从表 4-2 的各月多样性指数均值来看，乌梁素海浮游植物香农-威纳多样性指数 H 值 4 月最高（3.59），1 月最低（2.89）；丰富度指数 D 值 10 月最高（4.66），1 月最低（3.20）；均匀度指数 J 值冰封期 1 月较高（0.85），10 月、5 月较低（均为 0.78）。

表 4-2 乌梁素海浮游植物多样性指数

时间	丰富度指数 D		香农-威纳多样性指数 H		均匀度指数 J	
	范围	均值	范围	均值	范围	均值
10/2016	2.52~6.20	4.66	2.87~4.43	3.35	0.59~0.96	0.78
11/2016	2.33~5.17	4.03	2.41~4.08	3.29	0.69~0.96	0.82
1/2017	1.00~6.91	3.20	2.25~4.23	2.89	0.62~1.00	0.85
4/2017	3.41~5.76	4.64	2.64~4.45	3.59	0.70~0.95	0.82
5/2017	2.71~7.88	4.37	2.41~4.38	3.27	0.52~0.96	0.78

4.2.5 浮游植物与环境因子的 RDA 分析

为探明影响乌梁素海冻融前后浮游植物群落结构的环境因子，需先对物种数据进行非约束性分析——去趋势对应分析（DCA），最大排序轴的长度若大于 4时，选择单峰模式模型；若小于 3，则选择线性模式；若介于 3~4 之间，则单峰模型和线性模型均可。通过乌梁素海浮游植物细胞丰度与环境因子的多元关系进行去趋势对应分析，得到藻类细胞的最大梯度值为 0.862，小于 3，因此选择线性模型冗余分析（RDA），在进行冗余分析时，选取环境指标水深（WD）、温度（T）、透明度（SD）、电导率（EC）、pH、溶解氧（DO）、氧化还原电位（ORP）、盐度（SAT）、总溶解性固体（TDS）、总氮（TN）、氨氮（NH$_3$-N）、硝态氮（NO$_3$-N）、亚硝态氮（NO$_2$-N）、总磷（TP）、化学需氧量（COD）、悬浮物（SS）与叶绿素 a（Chl. a）与浮游植物月均丰度进行分析，每个环境因子的重要性和显著性用 Monte-Carlo 假设检验，以 $P < 0.05$ 筛选出对环境影响显著的因子，分别为：T（0.061）、SD（0.002）、EC（0.034）、pH（0.044）、DO（0.028）、TDS（0.026）、TN（0.044）、NH$_3$-N（0.001）、TP（0.001），然后对表 4-3 中经过筛选的 42 种浮游植物及 9 个环境因子进行 RDA 分析。

表 4-3 乌梁素海浮游植物种类代码

物种	代码	物种	代码
硅藻门		蓝藻门	
篦形短缝藻	1	不定微囊藻（Microcystis incerta）	18
短线脆杆藻	2	不整齐蓝纤维藻	19
短小舟形藻	3	点形平裂藻	20
放射舟形藻	4	居氏腔球藻	21
何氏卵形藻	5	具缘微囊藻（Microcystis marginata）	22
尖针杆藻	6	束缚色球藻	23
简单舟形藻	7	铜绿微囊藻	24
梅尼小环藻	8	微小平裂藻	25
美丽针杆藻	9	微小色球藻	26
膨胀桥弯藻（Cymbella tumida）	10	细小隐球藻	27
双头辐节藻	11	小席藻	28
双头舟形藻	12	小型色球藻	29
细小桥弯藻	13	银灰平裂藻	30
线形菱形藻	14	优美平裂藻	31
隐头舟形藻	15	中华尖头藻	32
最小舟形藻	16	裸藻门	
甲藻门		尾裸藻	33
盾形多甲藻	17		

物种	代码	物种	代码
绿藻门		双对栅藻	38
二形栅藻	34	四尾栅藻	39
空球藻	35	特平鼓藻	40
裂孔栅藻（Scenedesmus perforatus）	36	小空星藻	41
实球藻	37	斜生栅藻	42

表 4-4 的浮游植物与环境因子 RDA 分析结果表明，所选的 9 个环境因子共解释 66.4% 的物种变化，第 1 和第 2 排序轴分别贡献了 39.6% 和 26.7%。如图 4-6 所示，在浮游植物物种与环境因子的排序图中，箭头连线的长度表示环境

表 4-4 浮游植物与环境因子的 RDA 分析结果

RDA	轴				合计
	1	2	3	4	
特征值	0.396	0.267	0.209	0.127	
物种-环境相关性	0.989	0.983	0.978	0.974	
物种累积方差/%	39.6	66.4	87.3	100	
物种-环境关系累积方差/%	39.6	66.4	87.3	100	
所有特征值之和					1
所有典范特征值之和					0.997

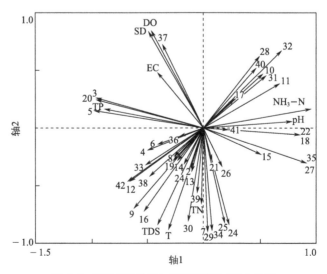

图 4-6 浮游植物物种与环境因子的 RDA 分析

因子与浮游植物群落分布相关程度的大小，连线越长，相关性越大，连线越短，相关性越小，图中箭头长度从大到小依次为 NH_3-N、TP、T、TDS、DO 和 SD，也相应代表了对浮游植物群落影响的重要程度。环境因子与前两个排序轴的相关系数见表 4-5，与轴 1 明显正相关的有 NH_3-N 和 pH，明显负相关的为 TP，NH_3-N、TP 和 pH 箭头明显长于其他环境因子，主导着轴 1 方向物种的变化，与轴 2 明显正相关的有 DO 和 SD，明显负相关的有 T 和 TDS，其中 SD 和 DO 箭头明显长于其他环境因子，主导着轴 2 方向物种的变化。

表 4-5 环境因子与 RDA 主排序轴的相关系数

环境因子	相关系数	
	轴 1	轴 2
T	− 0.3204	− 0.8876
SD	− 0.4944	0.8361
EC	− 0.4116	0.4850
pH	0.7834	0.0614
DO	− 0.4702	0.8495
TDS	− 0.3848	− 0.8649
TN	− 0.0160	− 0.6638
NH_3-N	0.9568	0.1622
TP	− 0.8929	0.1657

4.3 讨论

4.3.1 乌梁素海冻融前后浮游植物群落结构特征

浮游植物种群结构结冰前蓝藻占优势，随着冰封期的到来，蓝藻占比渐少，硅藻占比渐多，融冰后蓝藻占比渐多，硅藻占比渐少。乌梁素海冰封期 1 月水体和冰体内浮游植物种类组成以硅藻门占绝大多数，而非冰封期浮游植种类组成多为蓝藻门、绿藻门占优势，表明非冰封期和冰封期水体浮游植物群落结构不同。硅藻生态位较宽，硅藻能够在低温条件下通过减少细胞中水分和增加细胞中糖类、脂肪等物质增强抵抗力，使其在低温条件下相比其他门类浮游植物更具有竞争力。乌梁素海结冰前、融冰后南部明水区浮游植物大量聚集，因为这片区域的水域广阔、流速和缓、水动力不足以及营养盐浓度较高，这些条件均促使浮游植物大量聚集繁衍，而冰封期 1 月浮游植物丰度在湖区北部入湖口附近较高，由于冰封期 1 月入湖水量很少，没有农田退水的补给且水体结冰，因冰盖的阻隔作用，水体流动性较小，生活污水与工业废水不易在全湖扩散。

4.3.2 乌梁素海冻融前后水质评价

利用指示种评价水质情况可知，优势种中优势度较大的微小平裂藻适合于富营养型（α-ms）型水体，而梅尼小环藻以及尖针杆藻适合于富营养型（β-α-ms）型水体，从这些优势种指示情况可知乌梁素海冻融前后月份水体处于富营养化水平。据研究，丰富度指数 $D > 5$，水质清洁；$D > 4$，寡污型；$D > 3$，β 中污型；$D < 3$，α 中污-重污型。乌梁素海冻融前后不同样点的丰富度指数 D 表明，除冰封期 1 月处于 β 中污型外（$D > 3$），结冰前、融冰后各月皆指示为寡污型（$D > 4$），丰富度指数 D 表明乌梁素海冻融前后月份水体污染状况总体较轻。以均匀度指数 J 大于 0.3 为准，则乌梁素海冻融前后浮游植物分布整体较为均匀稳定。浮游植物多样性为群落稳定性的反映，优势种种类和数量与多样性变化密切相关，若浮游植物群落优势种较多且各优势种优势度不高，那么浮游植物种群多样性就高，则这个浮游植物群落也就越复杂、稳定。本研究中结冰前 10 月、11 月与融冰后 4 月、5 月优势种很多，但无优势性特别突出的种类，因此当季的香农-威纳多样性指数 H 值、丰富度指数 D 值以及均匀度指数 J 值都较高，而冰封期 1 月虽各门优势种最多，但冬季 1 月温度比较低，喜温热环境的蓝藻和绿藻种类较少，硅藻门类优势种优势度显著，故 1 月份的香农-威纳多样性指数 H 值、丰富度指数 D 值均值变小。由上述分析可知，乌梁素海冻融前后月份水体污染状况较轻，浮游植物群落结构整体来说较为均匀稳定，但冰封期 1 月水体浮游植物硅藻门占比很大，群落结构相对简单。

4.3.3 环境因子对乌梁素海冻融前后浮游植物群落结构的影响

浮游植物群落格局受多种环境因子的影响，如温度、营养盐、盐度、水动力条件以及浮游动物摄食等。通常不同的水体所处地理位置不同，水体的生物以及非生物过程差别较大，从而影响浮游植物群落结构因子也不同。侯伟等研究表明，苍村和赤石迳水库浮游植物群落主要受水深和透明度影响；沈会涛等研究得出影响白洋淀浮游植物群落的主要因素为 pH 值和总磷；李德亮等研究得出水深、水温、透明度、总磷、氧化还原电位以及电导率为影响大通湖浮游植物群落格局的主要因子。根据 RDA 的分析结果，乌梁素海冻融前后浮游植物群落结构变化主要的影响因子为：NH_3-N、TP、T、TDS、DO 和 SD。氮、磷是浮游植物生长繁殖的重要营养盐，也是常见的限制性营养元素，藻类优先同化吸收利用还原态氨，这与 RDA 分析结果一致。Parinet 等认为，当 N/P 值大于 7.2 时，磷为限制性因素，在本研究中，乌梁素海冻融前后月份 TN/TP 分别为 59.9、26.9、20.5、42.3、15.8，表明磷为乌梁素海该段时间内藻类增长的限制性因素。水温为影响浮游植物群落分布的关键因子，硅、绿、蓝藻多聚集于第三象限，与水温呈正相关，浮游植物的生长需要在一定光照和温度下进行，不同种类浮游植物适宜生长的温度不同，RDA 分析中，硅藻门在 4 个象限均有分布，说明其对乌梁素海冻融前后环境条件有较好适应性。透明度会直接影响浮游植物和其他水生生物的生存，总溶解性固体（TDS）减小，透明度增加，浮游植物丰度和生物量逐渐减小。水体中浮游植物与 DO 浓度密切相关，浮游植物进行光合作用释放氧气，使水域溶解氧浓度升高，浮游植物死亡降解也需要消耗溶解氧。

4.4　结论

（1）乌梁素海调查期间观察到浮游植物共计 6 门 69 属 120 种，种类组成以硅藻为主；浮游植物种群结构结冰前蓝藻占优势，随着冰封期的到来，蓝藻占比渐少，硅藻占比渐多，融冰后蓝藻占比渐多，硅藻占比渐少，乌梁素海冰封期前后月份南部明水区浮游植物聚集，冰封期 1 月浮游植物丰度在湖区北部入湖口附近点位较高。

（2）根据优势种指示情况可知，乌梁素海冻融前后水体处于富营养化状态；丰富度指数 D 反映水体总体污染状况较轻，均匀度指数 J 反映浮游植物分布整体较为均匀，冰封期 1 月水体浮游植物硅藻门占比很大，群落结构相对简单。

（3）RDA 排序揭示 NH_3-N、TP、T、TDS、DO 和 SD 为影响乌梁素海水体冻融前后浮游植物物种分布格局的主要环境因子。

第**5**章

浮游植物污染指示种及水质评价

5.1 材料与方法

5.1.1 采样点布置

取样点布置是根据乌梁素海的水动力学特征、水生植物分布特征、入水和出水口位置特点，在乌梁素海布置了 12 个采样点。采样点 W1 和 W11 在明水区和芦苇区交界点位置；采样点 W2 在干渠入湖口；采样点 W3 在芦苇区；采样点 W4、W5、W7、W8 和 W9 在明水区；采样点 W6 和 W10 在隐水区；采样点 W12 在乌拉特旗出水口（图 5-1）。

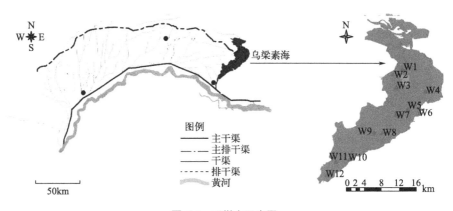

图 5-1 采样点示意图

5.1.2 样品采集与处理

采样时间为 2016 年 4～10 月，每月中旬取样一次，在各采样点采集浮游植物样品，同时在取样现场进行水温（T）、水深（WD）、电导率（EC）、pH、溶解氧（DO）、透明度（SD）等水质参数的测定。采集水样带回实验室进行总氮（TN）、总磷（TP）、总溶解性固体（TDS）等指标的测定。每个采样点的采样情况是当采样点水深小于 1 m 时，在水层中部采样；当水深大于 1 m 时，在水面下 0.5 m 处采样。

浮游植物定性样品使用 25♯ 浮游生物网采集，采集时把浮游生物网以"∞"形在水体表层拖拉 5 min 进行捞取，采集水样注入样品瓶中，并滴入 1.5% 福尔马林溶液 3 mL 保存，带回实验室用显微镜进行镜检，应用形态分类方法进行种类鉴定。定量样品用采水器采集 1 L 水样后加入 15 mL 鲁哥试剂保存，定量样品带回实验室后在实验台上静置 30 h 后，去掉上清液浓缩至 30 mL 装入定量样品瓶中，用于定量分析。

浮游植物物种鉴定方法，首先从摇匀后的浓缩样品瓶中取 0.1 mL 水样制备装片，每个样品制备 10 张装片，在型号为 Olympus CX31 光学显微镜下，每个装片观察计数 20 个视野，根据镜检中的浮游植物形态特征，依据参考资料的物种描述特征鉴定种类。浮游植物种类鉴定参考资料为《中国淡水藻类——系统、分类及生态》和《淡水微型生物与底栖动物图谱》等资料。

5.1.3 数据处理

物种优势度计算公式为：

$$Y = （N_i/N）/F_i \tag{5-1}$$

当 $Y \geqslant 0.02$ 时为优势种，全年都有分布的物种定为常见种。

香农-威纳多样性指数 H 计算公式为：

$$H = -\sum P_i \times \log_2 P_i \quad (P_i = N_i/N) \tag{5-2}$$

均匀度指数 J 计算公式为：

$$J = H/\log_2 S \tag{5-3}$$

浮游植物污染生物指数 SI 计算公式为：

$$SI = \sum L_i \times f_i / \sum f_i \tag{5-4}$$

上述公式中，Y 为物种优势度值；N 为样品中的总个体数；N_i 为第 i 种的个体总数；F_i 为第 i 种个体在各采样点出现的频率；S 为样品中种类总数；SI 为浮游植物污染指数值；L_i 为第 i 种藻种污染分值，根据污染指示级别，将藻种污染类型分为寡污性（os）、α-中污性（α-ms）、β-中污性（β-ms）和多污性/β-多污性（ps/β-ps），分别赋值 1～4 分，指示多污染级别的物种以其平均值计算；f_i 为第 i 种个体在各采样点出现频率。按五级划分所赋的分值（出现频率按 ≤20%、20%～40%、40%～60%、60%～80% 和 >80% 划分为 5 级，分别赋值

1～5 分）；当 1.0≤SI≤1.5 时，为轻度污染水体；当 1.5＜SI≤2.5 时，为中度污染水体；当 2.5＜SI≤3.5 时，为重度污染；当 SI 为 3.5～4.0 时，为严重污染。

5.2 结果与分析

5.2.1 乌梁素海藻类污染指示种

在乌梁素海所设 12 个采样点，于 2016 年 4 月到 10 月期间所采水样中，通过定性和定量镜检分析，共检测出浮游植物种类 161 种（包含 6 种变种），属于 6 门 57 属，其中以绿藻种类最多，其次为硅藻、蓝藻和裸藻，见表 5-1。在 12 个采样点检测出常见污染指示种 58 种，以 α-ms（α-中污性）种类最多，其次为 β-ms（β-中污性）和 β-ps（β-多污性）种类，见表 5-2。其中整个生态监测期都出现的在群落中占优势的污染指示种有 9 种，梅尼小环藻、四尾栅藻、弯曲栅藻（Scenedesmus arcuatus）、微小平裂藻、点形平裂藻、小空星藻、细小隐球藻、居氏腔球藻、铜绿微囊藻。

表 5-1 乌梁素海水体中污染指示种数量

门	属	种
绿藻门	24	60
硅藻门	16	48
蓝藻门	12	37
裸藻门	3	13
隐藻门	2	2
甲藻门	1	1

表 5-2 乌梁素海常见污染指示种及污染指示等级

种名	拉丁名	污染指示等级	赋值
卵圆双眉藻	Amphora ovalis	α-ms，β-ms，os	2
扁圆卵形藻	Cocconeis placentula	α-ms，β-ms，os	2
尖针杆藻	Synedra acus	α-ms，β-ms，os	2
偏肿桥弯藻	Cymbella ventricosa	β-ps，α-ms	3
双头辐节藻	Stauroneis anceps	α-ms，β-ms，os	2

种名	拉丁名	污染指示等级	赋值
肘状针杆藻	Synedra ulna	α-ms	2
短线脆杆藻	Fragilaria brevistriata	α-ms, os	1.5
短小舟形藻	Navicula exigua	α-ms, β-ms, os	2
钝脆杆藻	Fragilaria capucina	β-ms, os	2
放射舟形藻	Navicula radiosa	α-ms, β-ms, os	2
箱形桥弯藻	Cymbella cistula	β-ms, os	2
细小桥弯藻	Cymbella pusilla	os	1
梅尼小环藻	Cyclotella meneghiniana	α-ms, β-ms	2.5
缢缩异极藻头状变种	Gomphonema constrictum var. capitata	α-ms, β-ms	2.5
窗格平板藻	Tabellaria fenestrata	os, β-ms	2
细小隐球藻	Aphanocapsa elachista	α-ms, β-ps	2.5
微小平裂藻	Merismopedia tenuissima	α-ms, β-ps	3
居氏腔球藻	Coelosphaerium kuetzingianum	α-ms, β-ms	2.5
纤细席藻	Phormidium tenue	α-ms, β-ms, ps	3
沼泽颤藻	Oscillatoria limnetica	α-ms, β-ms	2.5
绿色颤藻	Oscillatoria chlorina	α-ms, ps	3
泥生颤藻	Oscillatoria limosa	α-ms, β-ps	3
弱细颤藻	Oscillatoria tenuis	α-ms, β-ms, ps	3
巨颤藻	Oscillatoria princeps	α-ms	2
两栖颤藻	Oscillatoria amphibia	α-ms, β-ms	2.5
点形平裂藻	Merismopedia punctata	β-ms	3
银灰平裂藻	Merismopedia glauca	β-ms, os	2
大型鞘丝藻	Lyngbya major	β-ms, os	2
微小色球藻	Chroococcus minutus	β-ms, os	2
铜绿微囊藻	Microcystis aeruginosa	α-ms, β-ps	3
灿烂颤藻	Oscillatoria splendida	α-ms, os	1.5
尾裸藻	Euglena caudata	β-ms	3
尖尾裸藻	Euglena oxyuris	α-ms, β-ms	2.5
静裸藻	Euglena deses	α-ms, ps	3

种名	拉丁名	污染指示等级	赋值
易变裸藻	*Euglena mutabilis*	os	1
鱼形裸藻	*Euglena pisciformis*	α-ms，β-ms	2.5
棘刺囊裸藻	*Trachelomonas hispida*	β-ms	3
纤细裸藻	*Euglena gracilis*	α-ms，β-ms	2.5
宽扁裸藻	*Phacus pleuronectes*	α-ms，β-ms	2.5
梭形裸藻	*Euglena acus*	α-ms，β-ms，os	2
小空星藻	*Coelastrum microporum*	α-ms，β-ms	2.5
四尾栅藻	*Scenedesmus quadricauda*	α-ms，β-ps	3
规则四角藻	*Tetraedron regulare*	α-ms，β-ms	2.5
弯曲栅藻	*Scenedesmus arcuatus*	α-ms，β-ps	3
短棘盘星藻	*Pediastrum boryanum*	α-ms，β-ms	2.5
二角盘星藻	*Pediastrum duplex*	α-ms，β-ms	2.5
集星藻	*Actinastrum hantzschii*	β-ms，os	2
小新月藻	*Closterium venus*	β-ms	3
拟新月藻	*Closteriopsis longissima*	β-ms	3
微芒藻	*Micractinium pusillum*	α-ms，β-ms	2.5
小球藻	*Chlorella vulgaris*	β-ps，ps	4
实球藻	*Pandorina morum*	α-ms，β-ms	2.5
素衣藻	*Polytoma uvella*	α-ms，ps	3
集群盘藻	*Gonium sociale*	α-ms，β-ms	2.5
湖生卵囊藻	*Oocystis lacustris*	α-ms，β-ms，ps	3
美丽胶网藻	*Dictyosphaerium pulchellum*	α-ms，β-ms	2.5
空球藻	*Eudorina elegans*	β-ms，os	2
啮蚀隐藻	*Cryptomonas erosa*	α-ms，β-ms，β-ps	3

5.2.2 浮游植物香农-威纳多样性指数 H、均匀度指数 J 和污染生物指数 SI

乌梁素海的浮游植物生物香农-威纳多样性指数 H 在不同采样点和不同时间

上具有差异性，在生态调查取样期内，乌梁素海除了 5 月份 H 值小于 3 外，其他取样时间上的 H 值皆大于 3，说明乌梁素海浮游植物具有较高的生物多样性，如图 5-1 所示。其中在取样时间里，H 最小值为 2.89（5 月份），$1 < H < 3$，为中度污染水体；H 最大值为 3.73（8 月份）。4 月份在 12 个采样点的 H 值波动范围为 $2.83 \leqslant H \leqslant 4.35$，其中 H 值最小值在采样点 W3（$H = 2.83$），最大值在采样点 W9（$H = 4.35$）；5 月份 H 最小值在采样点 W5（$H = 1.9$），最大值在采样点 W6（$H = 3.95$）；6 月份 H 最小值在采样点 W11（$H = 1.81$），最大值在采样点 W2（$H = 4.14$）；7 月份 H 最小值在采样点 W2（$H = 1.93$），最大值在采样点 W1（$H = 4.07$）；8 月份 H 最小值在采样点 W12（$H = 2.91$），最大值在采样点 W5（$H = 4.51$）；9 月份 H 最小值在采样点 W11（$H = 2.47$），最大值在采样点 W5（$H = 4.73$）；10 月份 H 最小值在采样点 W6（$H = 2.87$），最大值在采样点 W5（$H = 4.43$）。

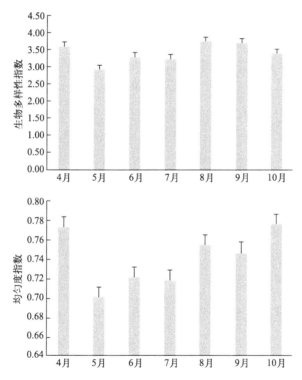

图 5-2 乌梁素海浮游植物香农-威纳多样性指数 H 和均匀度指数 J

乌梁素海的浮游植物均匀度指数 J 值在不同采样点和不同时间上具有差异性，在各个采样点均值上，从 4 月份到 10 月份均匀度差异性小，J 均值的波动范围为 $0.70 \leqslant J \leqslant 0.78$，如图 5-2 所示。其中在取样时间里，$J$ 最小值为 0.70

（5 月份）；J 最大值为 0.78（10 月份）。4 月份在 12 个采样点的 J 值波动范围为 0.59≤J≤0.94，其中 J 值最小值在采样点 W2（J=0.59），最大值在采样点 W9（J=0.94）；5 月份 J 最小值在采样点 W5（J=0.33），最大值在采样点 W1（J=0.944）；6 月份 J 最小值在采样点 W11（J=0.44），最大值在采样点 W4（J=0.94）；7 月份 J 最小值在采样点 W6（J=0.45），最大值在采样点 W5（J=0.91）；8 月份 J 最小值在采样点 W11（J=0.54），最大值在采样点 W5（J=0.97）；9 月份 J 最小值在采样点 W12（J=0.54），最大值在采样点 W2（J=0.88）；10 月份 H 最小值在采样点 W6（J=0.59），最大值在采样点 W7（J=0.96）。结合较高的多样性指数值，说明乌梁素海水体营养盐丰富，浮游植物生长所需要资源充足。

通过实验室镜检检测出浮游植物污染指示种 161 种（含 6 变种），分属 6 门 57 属，揭示出乌梁素海的浮游植物污染指示种具有较高的多样性，所以运用生物多样性指数值和均匀度指数 J 值评价乌梁素海水质，会出现较高的生物多样性指数值和均匀度指数 J 值。运用污染生物指数值法计算乌梁素海浮游植物污染生物指数，SI 年平均值为 2.55，其中 2016 年 8 月的污染生物指数最小（SI=2.48），如图 5-3 所示。按照污染指数评价标准判断，乌梁素海全年的植物污染生物指数值大于 2.5，说明其水质受到重度污染。

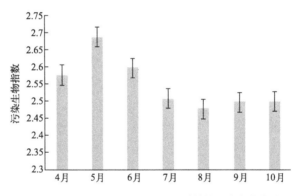

图 5-3 乌梁素海不同取样月份浮游植物污染生物指数

5.3 讨论

通过对草-藻型湖泊乌梁素海的研究，乌梁素海的浮游植物污染指示种共镜检出 6 门 57 属 161 种（包括 6 变种），主要是绿藻、硅藻、蓝藻和裸藻，说明在该湖泊中污染指示种具有较高的多样性，其原因是与湖泊中有丰富的水生植物芦苇、狐尾藻和眼子菜等。水生植物丰富度与浮游植物多样性呈显著正相关性。浮游植物是水体中重要的初级生产者，同时浮游植物多为单细胞，对水环境变化极具敏感性，在研究水环境质量中常作为指示生物。这次通过对乌梁素海 12 个采样点从 4～10 月的取样镜检中，共鉴定出常见的污染指示种达 58 种，且多为 ms 污染种，揭示出了乌梁素海污染程度，在常见的污染指示种中有梅尼小环藻、四尾栅藻、弯曲栅藻、微小平裂藻、点形平裂藻、小空星藻、细小隐球藻、居氏腔球藻、铜绿微囊藻等在群落中占优势，且在时空间的分布上有显著差异，说明了乌梁素海具有复杂的水环境特征，水域中丰富的芦苇区对湖泊的切割，形成了丰富的水域微环境。根据乌梁素海优势种的污染指示等级多为中污染和多污染，表明水质处于中度污染到重度污染水平。乌梁素海水域环境复杂程度高，对其水质进行单一参数整体评价结果具有局限性，而运用多样性指数、均匀度指数 J 和污染生物指数多个参数分析，发现乌梁素海浮游植物虽然具有较高的多样性指数值和较高的均匀度指数 J 值，但是浮游植物物种多为耐污染种类。充分揭示了乌梁素海作为草-藻型湖泊，一方面富营养化的水体提供了浮游植物生长的良好环境条件，另一方面丰富的水生植物对藻类的生长有一定限制作用，从而提高了浮游植物均匀度指数 J 值。

由于浮游植物污染指示种方法具有快速客观和较强实践性的特点，目前诸多研究利用浮游植物污染指示种方法对湖泊和水库水质进行了评价，其中研究藻型湖泊的成果较丰富。随着经济社会的发展，内陆水体富营养化程度日趋严重，所以多数研究报道其水体中浮游植物群落中占优势的种类多为 ms 污染指示种（属）和 ps 污染指示种（属）。贵州威宁草海为典型的草型浅水湖泊，其常见污染指示种为 33 种，多数为 α-ms 种类，其次为 β-ms 种类，在常见的 33 种中有污染等级为 ms 和 ps 的铜绿微囊藻、点形裂面藻、微小隐球藻、啮蚀隐藻、小球藻和分歧锥囊藻等在群落中成优势种；大九湖是高山湿地湖泊，其浮游植物优势种四尾栅藻、纤细席藻、球衣藻、短缝藻、颗粒直链藻、短线脆杆藻、小形色球藻为 ms 污染指示种；西安市汉城湖优势种有束丝藻属、平裂藻属、直链藻属、隐藻属、蓝隐藻属、囊裸藻属、裸甲藻属、鼓藻属、小球藻属和衣藻属多为 ms 污染指示种（属）；滇池湖泊全年以 ms 污染指示等级的微囊藻属、盘星藻属和束丝藻属占优势。乌梁素海浮游植物种类多数为 ms 污染指示种属，原因是乌梁素海承担着黄河灌区的灌溉任务，黄河灌区大量富含氮磷营养盐的退水再次注入乌梁素海中，导致了湖泊水体富营养化程度较高，水体中丰富的营养盐含量导致藻类爆发式生长，在夏季曾多次发生蓝-绿藻水华现象，使湖泊水质污染程度持续加剧，污染程度越来越严重。一方面，乌梁素海丰富的水生植物对排入乌梁素海中的污染物通过吸收，起到了对水体净化作用；另一方面，水生植物在衰老死亡后腐烂在水体中，增加了水体的富营养化，且水生植物虽然对藻类有竞争抑制作用和化感作用，但是水生植物减缓了湖泊水体的流动性，且腐烂后增加了水体的富营养化，促进了藻类的生长，使得乌梁素海水质污染程度持续呈上升趋势。随着对乌梁素海治理措施的加强，如生态补水、生态监测和综合生物治理等措施，乌梁素海的水质污染程度有所缓解和改善。

5.4　结论

在乌梁素海各种水域共 12 个采样点中，于 2016 年 4～10 月期间所采集的水样中，通过实验室镜检检测出浮游植物种类 161 种（含 6 变种），分属 6 门 57 属，其中常见的污染指示种为 58 种，揭示出乌梁素海的浮游植物污染指示种具有较高的多样性。通过污染生物指数值评价乌梁素海水质，结果为重度污染趋势。通过多样性指数、均匀度指数 J 评价水质有一定局限性，结合浮游植物污染生物指数值方法评价，一方面可揭示富营养化水体耐污染浮游植物种类丰富程度，另一方面通过污染生物指数值对水质的评价，揭示出水体水质污染程度，表明综合利用多种指数值结合污染生物指数在草-藻型湖泊的水质污染程度评价方面具有普遍适用性。

第6章

浮游植物物种种间关系研究

6.1 材料与方法

6.1.1 采样点布置

根据乌梁素海污染源分布、水文及环境特征，设置了 12 个采样点（图 6-1）。

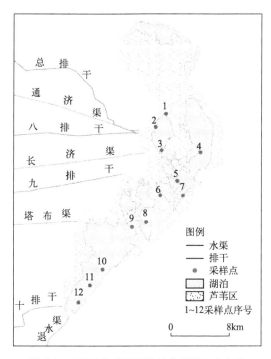

图 6-1 乌梁素海湖区浮游植物采样点分布图

6.1.2 样品采集与处理

采样时间为 2018 和 2019 年。1 月 20 日为冬季采样日，4 月 16 日和 5 月 16 日为春季采样日，6 月 18 日、7 月 17 日和 8 月 16 日为夏季采样日，9 月 19 日、10 月 18 日和 11 月 13 日为秋季采样日。

采集浮游植物定性样品时，利用 25 号浮游生物网，在水体表面下 0.5 m 处，以"∞"形缓慢拖网，捞取浮游植物，然后将其浓缩，倒入 100 mL 标本瓶，加入甲醛固定，带回实验室，用于浮游植物种类鉴定。

采集浮游植物定量样品分为冰封期采样和非冰封期采样。冰封期采样时用冰钻采集器破冰。在采样现场根据冰层的实际情况，将冰层按照每层 10 cm 的厚度分为 3 至 5 层（不同采样点的冰层厚度存在差异），将分层取的冰样置于 2000 mL 塑料瓶内，做好标记带回实验室，使其在室温条件下自然融化后进行浮游植物鉴定和计数。浮游植物鉴定前按照非冰封期采样方式处理。破冰后用采样器同步采集 1000 mL 冰下水体进行水质测试和浮游植物鉴定、计数。非冰封期采样首先用采样器在水面以下 0.5 m 处，采集水样 1000 mL，现场加入鲁哥氏液固定，然后带回实验室静置；再经过虹吸和静置，最终保留 30 mL 样品；将样品摇匀后，取 0.1 mL 样品置于 0.1 mL 计数框内，在 400 倍显微镜下，鉴定浮游植物种类并计数。

6.1.3 数据处理

采用 Mcnaughton 优势度指数，计算浮游植物优势度，其计算公式为：

$$Y = n_i f_i / N \tag{6-1}$$

公式（6-1）中，Y 为浮游植物优势度；n_i 为样品中第 i 种浮游植物数量；N 为样品中所有浮游植物数量；f_i 为第 i 种浮游植物在各站位出现的频率。将优势度 $Y \geqslant 0.02$ 且出现频率 $\geqslant 0.333$ 的藻类定为优势物种。本研究的对象为季节浮游植物优势种，浮游植物出现频率 < 0.333，说明浮游植物仅出现在 1 个采样点、2 个采样点或者 3 个采样点，浮游植物优势种仅在当月占据优势，并不在季节占优势。

以种间关联指数（VR），来度量物种总体关联性，计算方法详见有关文献。物种总体关联性借助于假设检验来考核，如果 VR 等于 1，则浮游植物种间总体无关联；如果 VR 大于 1，则浮游植物种间总体呈正关联；如果 VR 小于 1，则浮游植物种间总体呈负关联。

通过浮游植物优势种群的统计量（W），检测种间关联指数 VR 是否显著偏离 1，$W = VR \times N$。如果乌梁素海浮游植物优势物种总体无关联，则 W 落入 $[X^2 0.95 (N)，X^2 0.05 (N)]$ 区间的概率为 90%。

采用 X^2 统计量，检验浮游植物种间联结性是否显著，其计算公式为：

$$X^2 = \frac{(|ad - bc| - 0.5n)^2 \times n}{(a+b)(a+c)(b+d)(c+d)} \tag{6-2}$$

利用共同出现百分率（PC）用来测量物种间正联结程度，计算公式为：

$$PC = a / (a+b+c) \tag{6-3}$$

利用种间联结系数（AC）进一步检验 X^2 结果，计算公式为：

$$AC = (ad-bc)/[(a+b)(b+d)] \quad (ad \geqslant bc) \tag{6-4}$$

$$AC = (ad-bc)/[(a+b)(a+c)] \quad (bc > ad, d \geqslant a) \tag{6-5}$$

$$AC = (ad-bc)/[(b+d)(d+c)] \quad (bc > ad, d < a) \tag{6-6}$$

公式（6-2）～公式（6-6）中，n 为调查期间布设采样点数量；a 为两物种都出现的采样点数量；b、c 分别为仅有一个物种出现的采样点数量；d 为两物种都未出现的采样点数量。当 ad 大于 bc 时，两物种种间联结性为正联结，当 ad 小于 bc 时，两物种种间联结性为负联结。当 X^2 小于 3.841 时，表明两物种种间无联结性；当 $3.841 \leqslant X^2 \leqslant 6.635$ 时，两物种种间联结性显著；当 X^2 大于 6.635 时，两物种种间联结性极显著。共同出现百分率（PC）的取值范围为 [0，1]，PC 值为 0，说明在同一采样点两物种不同时出现，它们形成的种对没有关联；PC 值为 1，说明在每一个采样点两物种均同时出现，它们形成的种对关联程度最强。种间联结系数（AC）的取值范围为 [-1，1]，当 AC 值等于 0 时，两物种间完全独立；当 AC 值大于 0，且 1 与 AC 值的差越小时，两物种种间正联结性越强；当 AC 值小于 0，且 -1 与 AC 值的差越大时，两物种种间负联结性越强。

当某物种在采样点的相对频度为 1 时，它与其他物种形成的种对中 b、d 值都为 0，导致 X^2 检验、种间联结系数（AC）公式的分母为 0，公式没有意义，影响种对间联结性的测定。为了减轻这种影响，当某物种在采样点的相对频度为 1 时，把 X^2 检验、种间联结系数（AC）公式中的 b、d 值加权为 1。

利用 Excel 2007 软件，计算浮游植物优势度和优势物种总体关联性。利用 R 语言，计算浮游植物优势物种种间 X^2 显著性检验、共同出现百分率（PC）和联结系数（AC）。利用 Excel 2007 绘图。

6.2　结果与分析

6.2.1　浮游植物优势物种

本研究共鉴定出浮游植物 7 门 78 属 185 种，见表 6-1。根据出现频率大于

33.33%，优势度 $Y \geqslant 0.02$，确定调查期间乌梁素海浮游植物优势物种有 5 门 19 属 32 种，见表 6-2。2018 年，浮游植物优势物种有 4 门 16 属 25 种；2019 年，浮游植物优势物种有 5 门 19 属 31 种。2018 年和 2019 年的每个季节，尖针杆藻和四尾栅藻都为优势物种，表明尖针杆藻和四尾栅藻的适应性相对最强，尖针杆藻的密度为 $0.89 \times 10^6 \sim 22.27 \times 10^6$ cells/L，四尾栅藻的密度为 $1.54 \times 10^6 \sim 34.51 \times 10^6$ cells/L。点形平裂藻、优美平裂藻、尾裸藻在春季、夏季和秋季为优势物种，其密度分别为 $0.60 \times 10^6 \sim 52.45 \times 10^6$ cells/L、$2.71 \times 10^6 \sim 74.64 \times 10^6$ cells/L、$0.05 \times 10^6 \sim 2.09 \times 10^6$ cells/L。细小隐球藻在春季和夏季为优势物种，2019 年春季细小隐球藻的密度（1.00×10^6 cells/L）相对最小，2018 年春季的密度（12.86×10^6 cells/L）相对最大。点形平裂藻、优美平裂藻、尾裸藻和细小隐球藻对环境具有较强的适应性。谷皮菱形藻仅在夏季为优势物种，2018 年夏季谷皮菱形藻的密度为 1.11×10^6 cells/L，2019 年夏季的密度为 0.79×10^6 cells/L。谷皮菱形藻对生境要求高，对乌梁素海水环境变化敏感，适应性较弱。

表 6-1 乌梁素海浮游植物名录

门/属/种	门/属/种	门/属/种
一、硅藻门	2 谷皮菱形藻（Nitzchia palea）	4 著名羽纹藻（Pinnularia nobilis）
（一）桥弯藻属	3 近 S 形菱形藻（Nitzschia sigmoides）	5 间断羽纹藻（Pinnularia interrupta）
1 埃伦桥弯藻（Cymbella ehrenbergii）	4 近线形菱形藻（Nitzschia sublinearis）	（六）小环藻属
2 膨胀桥弯藻（Cymbella tumida）	5 线形菱形藻（Nitzschia linearis）	1 扭曲小环藻（Cyclotella comta）
3 桥弯藻（Cymbella）	（四）异极藻属	2 梅尼小环藻（Cyclotella meneghiniana）
4 极小桥弯藻（Cymbella perpusilla）	1 尖顶异极藻（Gomphonema augur）	3 星芒小环藻（Cyclotella stelligera）
5 细布纹藻（Cymbella lunata）	2 塔形异极藻（Gomphonema turris）	（七）针杆藻属
6 细小桥弯藻（Cymbella pusilla）	3 缢缩异极藻（Gomphonema constrictum）	1 尖针杆藻（Synedra acus）
7 纤细桥弯藻（Cymbella gracillis）	4 缢缩异极藻头状变种（Gomphonemaconstrictum var. capitatum）	2 双头针杆藻（Synedra amphicephala）
8 箱形桥弯藻（Cymbella cistula）	5 纤细异极藻（Gomphonema gracile）	3 肘状针杆藻（Synedra ulna）
9 新月桥弯藻（Cymbella cymbiformis）	（五）羽纹藻属	（八）双菱藻属
10 优美桥弯藻（Cymbella delicatula）	1 绿色羽纹藻（Pinnularia subviridis）	1 粗壮双菱藻（Surirella robusta）
（二）舟形藻属	2 微绿羽纹藻（Pinnularia viridis）	2 线形双菱藻（Surirella linearis）
1 放射舟形藻（Navicula radiosa）	3 中凸羽纹藻（Pinnularia mesolepta）	3 端毛双菱藻（Surirella capronii）
2 简单舟形藻（Navicula simples）		（九）直链藻属
3 双球舟形藻（Navicula amphibola）		1 颗粒直链藻（Melosira granulata）
4 双头舟形藻（Navicula dicephala）		
5 瞳孔舟形藻（Navicula pupula）		
6 微小舟形藻（Navicula atomus）		
7 细小舟形藻（Navicula tautula）		
（三）菱形藻属		
1 S 形菱形藻（Nitzschia sigma）		

门/属/种	门/属/种	门/属/种
2 颗粒直链藻极狭变种（*Melosira granulata* var. *angustissima*）	（二十三）棒杆藻属	2 湖泊鞘丝藻（*Lyngbya limnetic*）
3 颗粒直链藻原变种（*Melosira granulata* var. *granulata*）	弯棒杆藻（*Rhopaloodia gibba*）	3 马氏鞘丝藻（*Lyngbya martensiana*）
（十）辐节藻属	（二十四）异菱藻属	
1 尖辐节藻（*Stauroneis acuta*）	圆孔异菱藻（*Anomoeoneis sphaerophora*）	（五）微囊藻属
2 双头辐节藻（*Stauroneis anceps*）	（二十五）脆杆藻属	1 水华微囊藻（*Microcystis flos- aquae*）
（十一）卵形藻属	中型脆杆藻（*Fragilaria intermedia*）	2 铜绿微囊藻（*Microcystis aeruginosa*）
1 扁圆卵形藻（*Cocconeis placentula*）	二、蓝藻门	3 微囊藻（*Microcystis*）
2 何氏卵形藻（*Cocconeis hustdtii*）	（一）颤藻属	（六）隐球藻属
（十二）星杆藻属	1 阿氏颤藻（*Oscillatoria agardhii*）	1 居氏隐球藻（*Aphanocapsa kützingianum*）
1 美丽星杆藻（*Asterionella formosa*）	2 灿烂颤藻（*Oscillatoria splendida*）	2 微小隐球藻（*Aphanocapsa delicatissima*）
2 星杆藻（*Asterionella*）	3 巨颤藻（*Oscillatoria princes*）	3 细小隐球藻（*Aphanocapsa elachista*）
（十三）双眉藻属	4 绿色颤藻（*Oscillatoria chlorina*）	（七）腔球藻属
1 卵形双眉藻利比加变种 A（*mphora ovalis* var. *libyca* Cleve）	5 珊瑚颤藻（*Oscillatoria corallinae*）	1 不定腔球藻（*Coelosphaerium dubium*）
2 卵圆双眉藻（*Amphora ovalis*）	6 沼泽颤藻（*Oscillatoria limnetica*）	2 居氏腔球藻（*Coelosphaerium kuetzingianum*）
（十四）短缝藻属	7 绿色颤藻（*Oscillatoria chlorina*）	（八）蓝纤维藻属
篦形短缝藻（*Eunotia pectinalis*）	（二）平裂藻属	不整齐蓝纤维藻（*Dactylococcopsis irregularis*）
（十五）波缘藻属	1 大平裂藻（*Merismopedia major*）	（九）鱼腥藻属
草鞋形波缘藻（*Cymatopleura solea*）	2 点形平裂藻（*Merismopedia punctata*）	类颤藻鱼腥藻（*Anabaena oscillarioides*）
（十六）平板藻属	3 银灰平裂藻（*Merismopedia glauca*）	（十）螺旋藻属
窗格平板藻（*Tabellaria fenestrata*）	4 优美平裂藻（*Merismopedia elegans*）	螺旋藻（*Spirulina*）
（十七）马鞍藻属	（三）色球藻属	（十一）项圈藻属
地美马鞍藻（*Campylodiscus daemelianus*）	1 湖沼色球藻（*Chroococcus limneticus*）	项圈藻（*Anabaenopsis*）
（十八）扇形藻属	2 束缚色球藻（*Chroococcus tenax*）	（十二）席藻属
环状扇形藻（*Meridion circulare*）	3 微小色球藻（*Chroococcus minutus*）	小席藻（*Phormidium venus*）
（十九）布纹藻属	4 小型色球藻（*Chroococcus minor*）	三、绿藻门
尖布纹藻（*Gyrosigma acuminatum*）	（四）鞘丝藻属	（一）栅藻属
（二十）茧形藻属	1 大型鞘丝藻（*Lyngbya major*）	1 齿牙栅藻（*Scenedesmus denticulatus*）
茧形藻（*Amphiprora*）		2 多棘栅藻（*Scenedesmus spinosus*）
（二十一）肋缝藻属		
菱形肋缝藻（*Frustulia rhomboides*）		3 二形栅藻（*Scenedesmus dimorphus*）
（二十二）双壁藻属		
卵圆双壁藻（*Diploneis ovalis*）		

门/属/种	门/属/种	门/属/种
4 裂孔栅藻（Scenedesmus perforatus）	（五）四角藻属	2 小球藻（Chlorella vulgaris）
5 龙骨栅藻（Scenedesmus carinatus）	1 规则四角藻（Tetraedron regulare）	（十三）并联藻属
6 双对栅藻（Scenedesmus bijuga）	2 三角四角藻（Tetraedron trigonum）	并联藻（Quadrigula）
7 四尾栅藻（Scenedesmus quadricauda）	3 三叶四角藻（Tetraedron trilobulatum）	（十四）美壁藻属
8 弯曲栅藻（Scenedesmus arcuatus）	4 四角藻（Tetraedron）	短角美壁藻（Caloneis sillicula）
9 斜生栅藻（Scenedesmus obliquus）	（六）纤维藻属	（十五）浮球藻属
10 爪哇栅藻（Scenedesmus javaensis）	1 螺旋纤维藻（Ankistrodesmus spiralis）	浮球藻（Planktosphaeria gelatinosa）
（二）鼓藻属	2 狭形纤维藻（Ankistrodesmus angustus）	（十六）集星藻属
1 短鼓藻（Cosmarium abbreviatum）	3 纤维藻（Ankistrodesmus）	集星藻（Actinastrum hantzschii）
2 特平鼓藻（Cosmarium turpinii）	4 针形纤维藻（Ankistrodesmus acicularis）	（十七）胶带藻属
3 鼓藻（Cosmarium）	（七）十字藻属	胶带藻（Gloeotaenium loitelsbergerianum）
4 光滑鼓藻（Cosmarium laeve）	1 华美十字藻（Crucigenia lauterbornii）	（十八）空球藻属
5 美丽鼓藻（Cosmarium formosulum）	2 十字藻（Crucigenia）	空球藻（Eudorina elegans）
6 布莱鼓藻（Cosmarium blyttii）	3 足十字藻（Crucigenia tetrapedia）	（十九）丝藻属
7 项圈鼓藻（Cosmarium moniliforme）	（八）弓形藻属	链丝藻（Hormidium flaecidum）
（三）盘星藻属	1 弓形藻（Schroederia setigera）	（二十）胶网藻属
1 单角盘星藻（Pediastrum simplex）	2 硬弓形藻（Schroederia robusta）	美丽胶网藻（Dictyosphaerium palchellum）
2 短棘盘星藻（Pediastrum boryanum）	（九）角星鼓藻属	（二十一）团藻属
3 二角盘星藻（Pediastrum duplex）	1 钝齿角星鼓藻（Staurastrum crenulatum）	美丽团藻（Volvox aureus）
4 二角盘星藻纤细变种（Pediastrum duplex var. gracillimum）	2 曼弗角星鼓藻（Staurastrum manfeldtii）	（二十二）肾形藻属
5 双射盘星藻（Pediastrum biradiatum）	（十）空星藻属	肾形藻（Nephrocytium agardhianum）
6 整齐盘星藻（Pediastrum integrum）	1 空星藻（Coelastrum sphaericum）	（二十三）实球藻属
（四）卵囊藻属	2 小空星藻（Coelastrum microporum）	实球藻（Pandorina morum）
1 波吉卵囊藻（Oocystis borgei）	（十一）四星藻属	（二十四）多芒藻属
2 单生卵囊藻（Oocystis solitaria）	1 单棘四星藻（Tetrastrum hastiferum）	疏刺多芒藻（Golenkinia paucispina）
3 湖生卵囊藻（Oocystis lacustris）	2 四星藻（Tetrastrum）	（二十五）水绵属
4 椭圆卵囊藻（Oocystis elliptica）	（十二）小球藻属	普通水绵（Spirogyra communis）
	1 蛋白核小球藻（Chlorella pyrenoidosa）	（二十六）绿球藻属
		水溪绿球藻（Chlorococcum infusionum）
		（二十七）四胞藻属
		四胞藻（Tetraspora）
		（二十八）四球藻属
		四球藻（Tetrachlorella alternans）

门/属/种	门/属/种	门/属/种
（二十九）素衣藻属 素衣藻（*Polytoma uvella*） （三十）微芒藻属 微芒藻（*Micractinium pusillum*） （三十一）月牙藻属 纤细月牙藻（*Selenastrum gracile*） （三十二）新月藻属 新月藻（*Closterium*） （三十三）衣藻属 衣藻（*Chlamydomonas*） （三十四）杂球藻属 杂球藻（*Pleodorina californica*） 四、裸藻门 （一）裸藻属 1 绿色裸藻（*Euglena viridis*） 2 尖尾裸藻（*Euglena oxyuris*） 3 静裸藻（*Euglena deses*）	4 梭形裸藻（*Euglena acus*） 5 尾裸藻（*Euglena caudata*） 6 鱼形裸藻（*Euglena pisciformis*） 7 带形裸藻（*Euglena ehrenbergii*） 8 近轴裸藻（*Euglena proxima*） （二）扁裸藻属 1 波形扁裸藻（*Phacus undulatus*） 2 钩状扁裸藻（*Phacus hamatus*） 3 宽扁裸藻（*Phacus pleuronectes*） 4 扭曲扁裸藻（*Phacus tortus*） 5 长尾扁裸藻（*Phacus longicauda*） （三）囊裸藻属 囊裸藻（*Trachelomonas*） （四）陀螺藻属 陀螺藻（*Strombomonas*）	五、甲藻门 多甲藻属 1 埃尔多甲藻（*Peridinium elpatiewskyi*） 2 盾形多甲藻（*Peridinium umbonatum*） 3 二角多甲藻（*Peridinium bipes*） 六、金藻门 锥囊藻属 分歧锥囊藻（*Dinobryon divergens*） 七、隐藻门 隐藻属 啮蚀隐藻（*Cryptomonas erosa*）

表 6-2 乌梁素海浮游植物优势物种密度 单位：$\times 10^6$ cells/L

物种	2018 年				2019 年				物种	2018 年				2019 年			
	冬季	春季	夏季	秋季	冬季	春季	夏季	秋季		冬季	春季	夏季	秋季	冬季	春季	夏季	秋季
篦形短缝藻	—	—	—	1.47	0.25	—	—	0.93	束缚色球藻	—	—	17.18	—	—	—	3.42	0.29
谷皮菱形藻	—	—	1.11	—	—	—	0.79	—	微小隐球藻	—	—	—	—	—	0.24	—	—
尖针杆藻	7.66	7.04	16.49	22.27	2.40	0.89	3.22	4.42	细小隐球藻	—	12.86	4.92	—	—	1.00	1.13	
简单舟形藻	—	—	—	—	—	—	—	0.09	银灰平裂藻	—	—	12.06	—	—	—	2.59	—
梅尼小环藻	—	—	3.41	5.60	—	0.80	2.37	2.96	优美平裂藻	—	63.13	74.64	11.16	—	2.71	13.09	6.74

物种	2018年				2019年				物种	2018年				2019年			
	冬季	春季	夏季	秋季	冬季	春季	夏季	秋季		冬季	春季	夏季	秋季	冬季	春季	夏季	秋季
双头辐节藻	—	—	1.02	0.77	1.13	0.08	0.61	0.62	沼泽颤藻	—	—	0.78	—	—	0.06	0.30	
双头舟形藻	—	—	—	—	0.26	—	—	—	尾裸藻	—	2.09	1.22	0.63	—	0.05	0.52	0.94
微小舟形藻	—	—	—	2.03	—	—	—	0.14	二形栅藻	—	—	0.40	—	—	—	1.02	0.63
线形菱形藻	—	—	—	0.29	—	—	—	0.31	华美十字藻	—	—	—	—	—	—	0.16	
星芒小环藻	—	—	2.48	2.03	0.73	0.30	1.31	2.78	链丝藻	—	—	—	—	—	0.04	—	
肘状针杆藻	—	—	—	—	0.26	—	—	0.42	裂孔栅藻	—	—	—	1.68	—	—	0.41	0.86
分歧锥囊藻	—	—	—	—	—	0.29	—	—	双对栅藻	—	4.26	—	—	—	0.97	—	
不整齐蓝纤维藻	—	2.89	—	—	—	0.48	—	0.72	四尾栅藻	11.24	34.51	8.14	4.88	1.54	2.26	3.82	3.21
点形平裂藻	—	5.22	52.45	15.87	—	0.60	5.26	7.34	狭形纤维藻	1.12	—	0.50	—	—	—	0.52	0.26
湖沼色球藻	—	1.46	—	—	—	—	—	—	小球藻	35.55	—	3.39	4.12	—	0.11	2.35	2.04
居氏腔球藻	—	—	14.06	—	—	0.92	1.60	—	针形纤维藻	18.25	—	—	—	—	0.18	—	—

注："—"表示该浮游植物在此季节不是优势物种。

6.2.2　浮游植物优势物种的总体关联规律

2018 年和 2019 年各季节中，乌梁素海浮游植物优势物种的种间关联指数 VR 值都大于 1，见表 6-3，因此 2018 年和 2019 年浮游植物优势物种种间总体上都呈正关联。2018 年春季、2019 年春季和 2019 年夏季，浮游植物优势种群的统计量 W 落入 X^2 临界值范围内，而其他季节的统计量 W 没有落入 X^2 临界值范围内，2018 年春季、2019 年春季和 2019 年夏季浮游植物优势物种种间总体关联都不显著，其他季节浮游植物优势物种种间总体关联都显著。

表 6-3　乌梁素海浮游植物总体关联性

年份	季节	所有采样点物种数方差	总种数出现频度方差	VR	W	X^2 临界值 $[X^2 0.95(N)$, $X^2 0.05(N)]$	检验结果
2018 年	冬季	2.854	0.627	4.552	54.622	[0.711, 9.488]	显著正关联
	春季	1.076	1.045	1.030	12.356	[2.733, 15.507]	不显著正关联
	夏季	6.021	2.095	2.874	34.488	[7.962, 26.296]	显著正关联
	秋季	2.354	1.336	1.762	21.144	[5.266, 21.026]	显著正关联
2019 年	冬季	1.410	0.795	1.774	21.283	[1.635, 12.592]	显著正关联
	春季	4.243	2.334	1.818	21.815	[9.390, 28.869]	不显著正关联
	夏季	2.639	2.382	1.108	13.295	[9.390, 28.869]	不显著正关联
	秋季	5.743	2.019	2.844	34.134	[8.672, 27.587]	显著正关联

6.2.3　浮游植物优势物种种间关联规律

以 X^2 检验为基础，进一步结合共同出现百分率（PC）和种间联结系数（AC），定量分析优势物种的种间关联性。图 6-1～图 6-3 中横纵坐标轴为乌梁素海浮游植物优势物种，方块中不同符号代表不同范围的 X^2 值、PC 值、AC 值。

6.2.3.1　种间联结性 X^2 检验

将 X^2 检验结果分为 5 个层次，依次为正联结性显著（$3.841 \leqslant X^2 \leqslant 6.635$，$0.01 \leqslant P \leqslant 0.05$，$ad > bc$）、正联结性极其显著（$X^2 > 6.635$，$P < 0.01$，$ad > bc$）、负联结性显著（$3.841 \leqslant X^2 \leqslant 6.635$，$0.01 \leqslant P \leqslant 0.05$，$ad < bc$）、正联结性不显著（$X^2 < 3.841$，$P > 0.05$，$ad > bc$）和负联结性不显著（$X^2 < 3.841$，$P > 0.05$，$ad < bc$）。

2018 年，在 25 种浮游植物优势物种构成的 260 个种对中，正联结性种对共有 160 对，占 2018 年物种总种对数的 61.54%，如图 6-2 所示。正联结性显著的种对有 2 对，分别为夏季的沼泽颤藻与谷皮菱形藻、沼泽颤藻与尾裸藻形成的种对，正联结性极其显著的种对有 3 对，分别为夏季的梅尼小环藻与星芒小环藻、梅尼小环藻与小球藻、星芒小环藻与小球藻形成的种对。负联结性种对共有 100 对，占 2018 年物种总种对数的 38.46%。负联结性显著的种对有 4 对，分别为夏

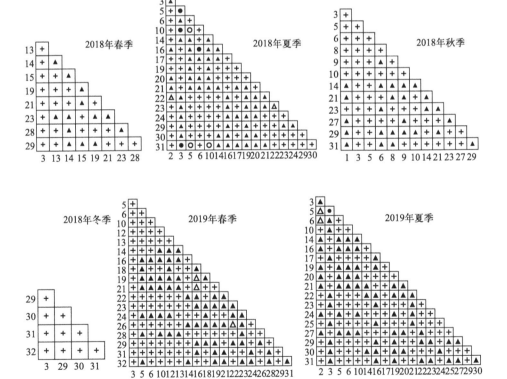

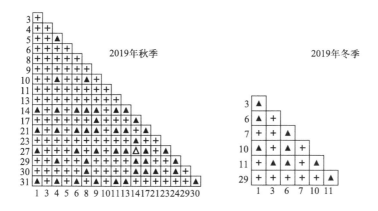

图 6-2 2018 年和 2019 年浮游植物优势物种种间 X^2 检验半矩阵图

注：图中的数字 1～32 分别表示优势物种篦形短缝藻、谷皮菱形藻、尖针杆藻、简单舟形藻、梅尼小环藻、双头辐节藻、双头舟形藻、微小舟形藻、线形菱形藻、星芒小环藻、肘状针杆藻、分歧锥囊藻、不整齐蓝纤维藻、点形平裂藻、湖沼色球藻、居氏腔球藻、束缚色球藻、微小隐球藻、细小隐球藻、银灰平裂藻、优美平裂藻、沼泽颤藻、尾裸藻、二形栅藻、华美十字藻、链丝藻、裂孔栅藻、双对栅藻、四尾栅藻、狭形纤维藻、小球藻、针形纤维藻。＋表示无显著正联结性，$X^2 < 3.841$，$P > 0.05$，$ad > bc$；△表示正联结性显著，$3.841 \leqslant X^2 \leqslant 6.635$，$0.01 \leqslant P \leqslant 0.05$，$ad > bc$；○表示正联结性极显著，$X^2 > 6.635$，$P < 0.01$，$ad > bc$；▲表示无显著负联结性，$X^2 < 3.841$，$P > 0.05$，$ad < bc$；●表示负联结性显著，$3.841 \leqslant X^2 \leqslant 6.635$，$0.01 \leqslant P \leqslant 0.05$，$ad < bc$。

季的尖针杆藻与梅尼小环藻、尖针杆藻与星芒小环藻、尖针杆藻与小球藻、双头辐节藻与居氏腔球藻形成的种对。2018 年联结性不显著的种对有 251 对，其中正联结性不显著的有 155 对，负联结性不显著的有 96 对。由此可见，2018 年浮游植物优势物种种对间联结性较弱，在一定程度上独立分布。

2019 年，在 31 种浮游植物优势物种构成的 516 个种对中，正联结性种对共有 319 对，占 2019 年物种总种对数的 61.82％。正联结性显著的种对有 6 对，分别为春季的居氏腔球藻与细小隐球藻、居氏腔球藻与优美平裂藻、沼泽颤藻与链丝藻形成的种对，夏季的谷皮菱形藻与梅尼小环藻、谷皮菱形藻与双头辐节藻形成的种对，秋季的点形平裂藻与裂孔栅藻形成的种对。负联结性种对共有 197 对，占 2019 年物种总种对数的 38.18％。2019 年仅有的负联结性显著种对为夏季的尖针杆藻与梅尼小环藻形成的种对。2019 年联结性不显著的种对有 509 对，其中正联结性不显著的有 313 对，负联结性不显著的有 196 对。由此可见，2019 年浮游植物优势物种种对间联结性较弱，在一定程度上独立分布。

6.2.3.2 共同出现百分率

将浮游植物优势物种共同出现百分率（PC）结果分为 6 个层次，依次为正联结性无关（PC＝0）、正联结性最弱（0＜PC＜0.2）、正联结性较弱（0.2≤PC＜0.4）、正联结性一般（0.4≤PC＜0.6）、正联结性较强（0.6≤PC＜0.8）和正联结性最强（0.8≤PC≤1）。

2018 年浮游植物优势物种中，正联结性最强种对有 27 对，正联结性较强种对有 53 对，正联结性一般的种对有 87 对，正联结性较弱的种对有 58 对，正联结性最弱的种对有 29 对，种间联结性无关的种对有 6 对，它们分别占总种对数的 10.39％、20.39％、33.46％、22.31％、11.15％和 2.30％，如图 6-3 所示。共同出现百分率小于 0.6 的弱联结种对有 180 对，占总种对数的 69.23％。由此可见，2018 年浮游植物优势物种种间联结性较弱，种间独立性相对较强。

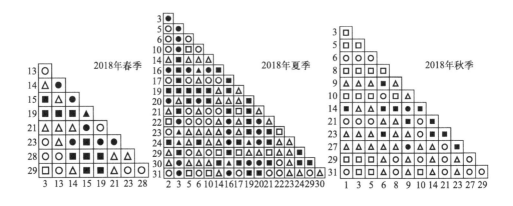

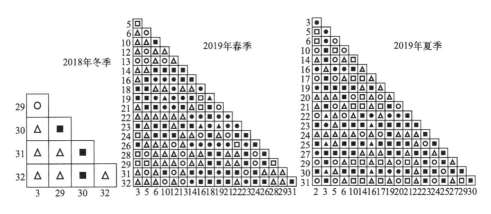

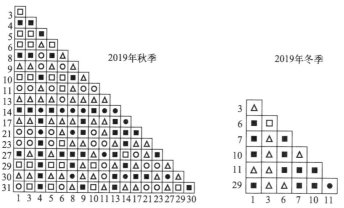

图 6-3 2018 年和 2019 年浮游植物优势物种种间共同出现百分率 PC 半矩阵图

注：图中的数字 1~32 分别表示优势物种篦形短缝藻、谷皮菱形藻、尖针杆藻、简单舟形藻、梅尼小环藻、双头辐节藻、双头舟形藻、微小舟形藻、线形菱形藻、星芒小环藻、肘状针杆藻、分歧锥囊藻、不整齐蓝纤维藻、点形平裂藻、湖沼色球藻、居氏腔球藻、束缚色球藻、微小隐球藻、细小隐球藻、银灰平裂藻、优美平裂藻、沼泽颤藻、尾裸藻、二形栅藻、华美十字藻、链丝藻、裂孔栅藻、双对栅藻、四尾栅藻、狭形纤维藻、小球藻、针形纤维藻。▲表示无正联结性，PC＝0；●表示正联结性最弱，0＜PC＜0.2；■表示正联结性较弱，0.2≤PC＜0.4；△表示正联结性一般，0.4≤PC＜0.6；○表示正联结性较强，0.6≤PC＜0.8；□表示正联结性最强，0.8≤PC≤1。

2019 年浮游植物优势物种中，正联结性最强的种对有 50 对，正联结性较强的种对有 70 对，正联结性一般的种对有 168 对，正联结性较弱的种对有 162 对，正联结性最弱的种对有 56 对，种间联结性无关的种对有 10 对，它们分别占总种对数的 9.69%、13.57%、32.56%、31.39%、10.85% 和 1.94%。共同出现百分率小于 0.6 的弱联结性种对有 396 对，占总种对数的 76.74%。由此可见，2019 年浮游植物优势物种种间联结性较弱，种间独立性相对较强。

6.2.3.3 种间联结系数

将种间联结系数（AC）按照联结性正负和强弱分为 7 个层次，依次为负联结性较强（−1≤AC＜−0.6）、负联结性较弱（−0.6≤AC＜−0.4）、负联结性一般（−0.4≤AC＜−0.1）、联结性无关（−0.1≤AC＜0.1）、正联结性一般（0.1≤AC＜0.4）、正联结性较弱（0.4≤AC＜0.6）和正联结性较强（0.6≤AC≤1）。

2018 年，浮游植物优势物种中呈现正联结性的种对有 119 对，其中正联结性较强的有 39 对，占总种对数的 15.00%，正联结性较弱的有 28 对，占总种对数的 10.77%，其他 52 对的联结性一般，占总种对数的 20.00%，如图 6-4 所示。2018 年浮游植物优势物种中呈现负联结性的种对有 99 对，其中负联结性较强的有 48 对，占总种对数的 18.46%，负联结性较弱的有 24 对，占总种对数的 9.23%，负联结性一般的有 27 对，占总种对数的 10.39%。种间趋向独立的对数为 42 对，占总种对数的 16.15％。种间联结系数 AC 值在－0.6 与 0.6 之间的弱联结性种对有 173 对，占总种对数的 66.54％，由此可见，2018 年浮游植物优势物种种间联结性较弱，种间独立性相对较强。

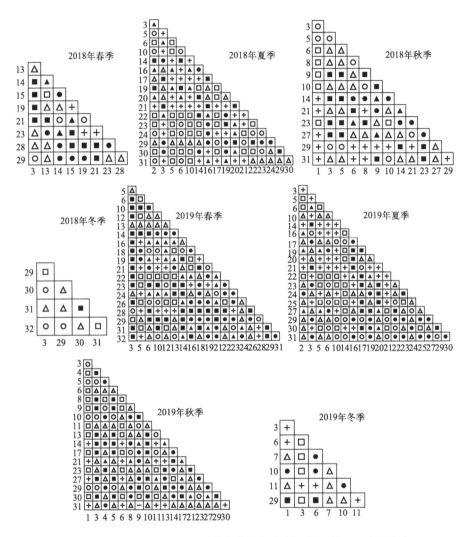

图 6-4 2018 年和 2019 年浮游植物优势物种种间联结系数 AC 半矩阵图

注：图中的数字 1～32 分别表示优势物种筐形短缝藻、谷皮菱形藻、尖针杆藻、简单舟形藻、梅尼小环藻、双头辐节藻、双头舟形藻、微小舟形藻、线形菱形藻、星芒小环藻、肘状针杆藻、分歧锥囊藻、不整齐蓝纤维藻、点形平裂藻、湖沼色球藻、居氏腔球藻、束缚色球藻、微小隐球藻、细小隐球藻、银灰平裂藻、优美平裂藻、沼泽颤藻、尾裸藻、二形栅藻、华美十字藻、链丝藻、裂孔栅藻、双对栅藻、四尾栅藻、狭形纤维藻、小球藻、针形纤维藻。＋表示负联结性种强，－1≤AC＜－0.6；▲表示负联结性较强，－0.6≤AC＜－0.4；●表示负联结性一般，－0.4≤AC＜－0.1；■表示联结性无关，－0.1≤AC＜0.1；△表示正联结性一般，0.1≤AC＜0.4；○表示正联结性较弱，0.4≤AC＜0.6；□表示正联结性较强，0.6≤AC≤1。

2019 年，浮游植物优势物种中呈现正联结性的种对有 230 对，其中正联结性较强的有 67 对，占总种对数的 12.98%，正联结性较弱的有 48 对，占总种对数的 9.30%，其他 115 对的联结性一般，占总种对数的 22.29%。2019 年浮游植物优势物种中呈现负联结性的种对有 193 对，其中负联结性较强的有 75 对，占总种对数的 14.53%，负联结性较弱的有 41 对，占总种对数的 7.95%，负联结性一般的有 77 对，占总种对数的 14.92%。种间趋向独立的对数为 93 对，占总种对数的 18.02%。种间联结系数 AC 值在 −0.6 与 0.6 之间的弱联结性种对有 374 对，占总种对数的 72.48%，由此可见，2019 年浮游植物优势物种种间联结性较弱，种间独立性相对较强。

6.3　讨论

由方差比率分析结果可知，2018 年和 2019 年乌梁素海浮游植物优势物种种间总体上正相关，2018 年春季、2019 年春季和 2019 年夏季浮游植物优势物种种间总体关联不显著，其他季节浮游植物优势物种种间总体关联都显著。这说明 2018 年春季、2019 年春季和 2019 年夏季浮游植物优势物种种间总体关联接近，物种间彼此独立，其他季节群落结构处于相对稳定阶段。由于各季节浮游植物群落结构不同，不同种类浮游植物的生物学特性不同，优势物种总体联结性不一定与优势物种种对之间的联结性一致。

由 X^2 检验结果可知，2018 年冬季、春季、夏季和秋季浮游植物优势物种联结性不显著的种对在当季种对所占比例分别为 100%、100%、93.38% 和 100%，2019 年冬季、春季、夏季和秋季浮游植物优势物种联结性不显著的种对在当季种对所占比例分别为 100%、98.25%、98.25% 和 99.35%。各季节联结性不显著的种对占比都较大，这是因为各优势物种生活习性和生态特征都不同，导致物种间的相互作用弱。2018 年和 2019 年未发现负联结性极显著的种对，这与对包头南海湖浮游植物优势物种种间联结的研究结果一致。说明乌梁素海浮游植物种间竞争比较温和。群落物种越复杂，两物种同时出现的概率就越低，导致部分物种间联结性较弱，不可能出现极显著负联结。

X^2 检验仅能定性描述物种联结的显著性，不能定量描述物种联结强度，并且物种联结不显著并不代表物种间没有联结性，因此可以采用共同出现百分率、种间联结系数进一步验证。根据共同出现百分率结果可知，2018 年冬季、春季、夏季和秋季浮游植物优势物种正联结性较弱（PC<0.6）的种对在当季种对所占比例分别为 90.00%、75.00%、75.00% 和 53.85%，2019 年浮游植物优势物种

正联结性较弱（PC＜0.6）的种对在当季种对所占比例分别为 95.24％、83.63％、74.85％和68.63％。冬季浮游植物优势物种正联结性较弱（PC＜0.6）的种对在当季种对所占比例最大，其次是春季、夏季和秋季。冬季受气温限制，浮游植物种类和数量比较少，相互作用比较强的两种浮游植物可能仅有一种存在。春季、夏季和秋季气温较高，水体中营养盐含量丰富，浮游植物种类和数量较多，群落结构更复杂，种间相互作用强的种对比例提升。

种间联结系数弥补了 X^2 检验和共同出现百分率的不足，不仅可以定性描述物种联结的显著性，还可以定量描述物种联结的强弱和正负关系。2018 年冬季、春季、夏季和秋季浮游植物优势物种联结性较弱（$-0.6 \leqslant AC < 0.6$）的种对在当季种对所占比例分别为 80.00％、88.89％、55.15％和74.36％，2019 年浮游植物优势物种联结性较弱（$-0.6 \leqslant AC < 0.6$）的种对在当季种对所占比例分别为 57.14％、79.53％、63.74％和76.47％。该结果与共同出现百分率的分析结果有差异，原因是种间联结系数和共同出现百分率对强弱的等级划分标准不同。

两个物种间关系表现为正联结说明它们的生物学特性相近，对生境有相似的要求；两个物种间关系表现为负联结说明它们具有不同的生物学特性，对生境的要求不同。两个物种间关系表现为强联结，说明它们的关系紧密，种对间依赖性强，当受到外界干扰后，群落容易发生波动。两个物种间关系表现为弱联结，说明它们的关系松散，种对间独立性强，当受到外界干扰后，群落相对稳定。

6.4 结论

2018 年和 2019 年乌梁素海浮游植物优势物种种间总体上都呈正关联，2018 年春季、2019 年春季和 2019 年夏季浮游植物优势物种种间总体关联都不显著，其他季节浮游植物优势物种种间总体关联都显著。

2018 年和 2019 年乌梁素海浮游植物优势物种种对之间的联结性较弱，相对独立性较强，表明乌梁素海浮游植物群落结构较为稳定，存在正向演替的趋势。

第 **7** 章

浮游植物优势种的生态位分析

7.1 材料与方法

7.1.1 采样点布设

浮游植物采样点的布置依据湖区实际水深、入湖口、出湖口以及湖泊形态、水文和水功能区进行，选取能表征湖泊特征且反映湖泊不同情况的 10 个浮游植物样品采集点（采样点位置见第 3 章）。

7.1.2 样品采集与处理

采样时间 2011 年 7 月和 2012 年 2 月，共采集浮游植物样品 2 次，同时尽量将样品的采集时段控制在当天的 9：00～15：00。

浮游植物定性样品用 25♯ 的生物网在水体表面下 0.5 m 处以"∞"字形捞取，将采集的滤液样品放入采样瓶中，并用蒸馏水冲洗生物网 2～3 次，以免浮游植物残留在生物网上。浮游植物的定性样品用 1% 体积的甲醛溶液保存，用于种类鉴定和分析。定量样品取水面以下 0.5 m 处样品，现场加入鲁格试剂和福尔马林溶液固定，带回实验室等量混合后放入 1 L 的棕色瓶中，静置 48 h，用虹吸法将上清液去除，保留 100 mL 左右样品，将其移入 250 mL 的棕色瓶中，再进行静置浓缩，直到浓缩样品为 30 mL 左右，用于种类鉴定和定量计数。

7.1.3 数据处理

（1）优势种 以优势度 $D_i > 0.02$ 确定，优势度指数的计算公式：

$$D_i = \frac{n_i f_i}{N} \tag{7-1}$$

式中，n_i 为样点中第 i 种浮游植物的个体数；N 为样点中所有浮游植物的总数：f_i 为该种属在各样点中出现的频率。

（2）生态位宽度　采用修正后的 Levins 指数计算：

$$B_i = 1/\left(r\sum p_{ij}^2\right), \quad p_{ij} = n_{ij}/N_i \tag{7-2}$$

式中，B_i 为种 i 的生态位宽度；$p_{ij} = n_{ij}/N_i$，它代表种 i 在第 j 个资源状态下的个体数占该种所有个体数的比例；r 为样点数。

（3）生态位重叠　采用 Petraitis 指数的计算：

$$\mathrm{SO}_{ik} = e^{E_{ik}} \tag{7-3}$$

$$E_{ik} = \sum_{j=1}^{r}\left(p_{ij}\ln p_{kj}\right) - \sum_{j=1}^{r}\left(p_{ij}\ln p_{ij}\right) \tag{7-4}$$

$$\Delta\,\mathrm{SO}_{ij} = \sum_{j=1}^{n}\mathrm{SO}_{ij} - \sum_{i=1}^{m}\mathrm{SO}_{ij} \tag{7-5}$$

$$R_i = \frac{B_i}{\Delta\,\mathrm{SO}_{ij}} \tag{7-6}$$

式中，SO 为成对种间生态位特定重叠；k 为不同于 i 的另一浮游植物种；$\sum_{j=1}^{n}\mathrm{SO}_{ij}$ 表明种 i 占用其他种的资源量；$\sum_{i=1}^{m}\mathrm{SO}_{ij}$ 表明种 j 被其他种侵占的资源量；R_i 为种 i 的生态响应速率。

7.2　结果与分析

7.2.1　浮游植物群落结构特征

通过实验室用显微镜分类鉴定，统计乌梁素海夏季和冬季水样中共鉴定出浮游植物 40 种，分属于 7 门 35 属。浮游植物种类组成：绿藻门 14 属 16 种，占种类总数的 40%；蓝藻门 9 属 10 种，占 25%；硅藻门 7 属 8 种，占 20%；裸藻门 1 属 2 种，占 5%；隐藻门 1 属 2 种，占 5%；金藻门 1 属 1 种，占 2.5%；甲藻门 1 属 1 种，占 2.5%。夏季优势种类颤藻、螺旋藻、栅藻和绿球藻在冬季没有形成优势种，见表 7-1。

表 7-1　乌梁素海浮游植物优势种的生态位宽度分析

编号	优势种	生态位宽度		编号	优势种	生态位宽度	
		夏季	冬季			夏季	冬季
1	小席藻	3.65	2.60	8	梅尼小环藻	1.79	2.37
2	颤藻	3.66	—	9	针杆藻	2.10	5.32

编号	优势种	生态位宽度		编号	优势种	生态位宽度	
		夏季	冬季			夏季	冬季
3	螺旋藻	2.22	—	10	舟形藻	1.09	2.00
4	小空星藻	4.12	1.30	11	单鞭金藻	2.27	3.42
5	衣藻	1.93	2.46	12	卵形隐藻	3.25	2.47
6	栅藻	3.69	—	13	尾裸藻	2.30	5.04
7	绿球藻	2.54	—				

比较乌梁素海两个季节浮游植物种类组成具有显著性差异，如图 7-1 所示。夏季鉴定出浮游植物种类数为 33 属 37 种，其群落组成中绿藻门种类数最多，其中绿藻门 14 属 15 种，蓝藻门 9 属 10 种，硅藻门 6 属 7 种，裸藻门 1 属 2 种，隐藻门 1 属 1 种，金藻门 1 属 1 种，甲藻门 1 属 1 种；冬季鉴定出浮游植物种类数是 21 属 24 种，群落组成以绿藻门、硅藻门种类数最多，其中绿藻门 7 属 8 种，硅藻门 6 属 6 种，蓝藻门 4 属 4 种，隐藻门 1 属 2 种，裸藻门 1 属 2 种，金藻门 1 属 1 种，甲藻门 1 属 1 种。浮游植物总密度夏季为 $(3.62 \pm 4.12) \times 10^7$ 个/L，冬季为 $(1.32 \pm 0.98) \times 10^7$ 个/L，两个季节浮游植物密度均值为 $(2.47 \pm 3.14) \times 10^7$ 个/L。

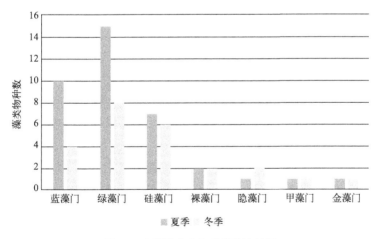

图 7-1 浮游植物各门种类数比较图

根据优势度计算结果（$Y \geqslant 0.02$），乌梁素海浮游植物优势种分属 6 门 13 属，共 13 种，见表 7-1。其中，夏季 13 种，冬季 9 种。颤藻（*Oscillatoria*）、螺旋藻（*Spirulina*）、栅藻（*Scenedesmus*）、绿球藻（*Chlorococcum*）仅在夏季为优势

种属，针杆藻（*Synedra*）和尾裸藻（*Euglena caudata*）在冬季具有极显著优势。

7.2.2 浮游植物优势种的生态位宽度

生态位宽度揭示了一个物种利用环境中各种资源的能力，也是物种适应环境能力的体现。表 7-1 是夏季和冬季优势种的生态位宽度的变化情况。夏季乌梁素海浮游植物优势种的生态位宽度变化范围为 1.09～4.12，其中小空星藻、栅藻、小席藻、颤藻等藻种的生态位较宽，小空星藻、栅藻、小席藻、颤藻在夏季时期的环境资源利用充分，具有较强的竞争能力；冬季生态位宽度变化范围为 1.3～5.32，其中针杆藻、尾裸藻的生态位宽度较宽，针杆藻、尾裸藻在冬季时期的环境资源利用充分，具有较强的竞争能力。

小席藻、小空星藻在夏季的生态位宽度明显高于冬季，而尾裸藻、针杆藻、衣藻等藻种在冬季的生态位宽度明显高于夏季，小席藻、小空星藻等藻种适应在夏季温度较高的环境中生长和繁殖，而尾裸藻、针杆藻、衣藻等藻种适应在冬季温度较低的环境生长和繁殖。相对其他优势种而言，小席藻、小空星藻、衣藻、梅尼小环藻、针杆藻、单鞭金藻、卵形隐藻以及尾裸藻在两个季节中分布较为广泛，各藻种生态位宽度的大小反映了藻种数量以及占据资源点位的多少。

7.2.3 浮游植物优势种的生态位重叠

在夏季，藻种的生态位重叠指数在 0.01～1.46 之间，平均值为 0.75，其中小席藻与螺旋藻、小席藻与绿球藻、衣藻与针杆藻、针杆藻与舟形藻的生态位重叠指数较大（生态位重叠指数＞1.3），见表 7-2；在冬季，藻种的生态位重叠指数在 0.01～1.37 之间，平均值为 0.52，其中衣藻与栅藻、舟形藻与卵形隐藻的生态位重叠指数较高（生态位重叠指数＞1.3），见表 7-3。研究结果：夏季蓝藻门的小席藻与螺旋藻、硅藻门的针杆藻与舟形藻以及小席藻与绿球藻、衣藻与针杆藻的资源利用情况和生态习性较为相似。在冬季绿藻门的衣藻与栅藻以及不同门的舟形藻与卵形隐藻的利用资源能力和多样化程度较高，具有较强的竞争能力。在夏季，衣藻与针杆藻、针杆藻与舟形藻的环境适应性较为相似，生态重叠指数分别为 1.462、1.396，而在冬季，衣藻与针杆藻、针杆藻与舟形藻的生态重叠指数分别下降为 0.338、0.683，藻种间的生态位重叠指数会随着环境资源的变化而发生较大的变化。

表 7-2 乌梁素海夏季优势种的生态位重叠指数

夏季	1	2	3	4	5	6	7	8	9	10	11	12	13
1													
2	0.709												
3	1.401	1.188											
4	0.868	0.836	—										
5	0.494	0.417	0.014	0.039									
6	1.041	0.663	—	0.069	0.751								
7	1.327	0.802	—	0.010	1.012	1.237							
8	0.673	0.304	—	1.072	0.964	0.314	1.168						
9	1.101	1.138	0.299	1.095	1.462	0.697	1.042	0.203					
10	1.151	1.382	0.364	1.010	1.137	1.047	1.158	0.817	1.396				
11	0.647	0.600	—	1.108	0.289	0.450	0.217	0.285	1.137	0.704			
12	0.543	0.721	0.018	0.219	0.833	0.862	0.661	0.819	0.298	0.133	0.359		
13	0.955	1.223	0.090	1.062	1.009	1.264	0.845	0.279	0.757	0.625	0.675	1.265	

注：表中1、2、3、4、5、6、7、8、9、10、11、12、13分别表示小席藻、颤藻、螺旋藻、小空星藻、衣藻、栅藻、绿球藻、梅尼小环藻、针杆藻、舟形藻、单鞭金藻、卵形隐藻、尾裸藻。

表 7-3 乌梁素海冬季优势种的生态位重叠指数

冬季	1	2	3	4	5	6	7	8	9	10	11	12	13
1													
2	—												
3	1.151	—											
4	1.151	—	—										
5	0.196	—	0.009	0.009									
6	—			—	1.348								
7	—				—								
8	0.323	—	0.01	0.01	0.254	0.061	0.042						
9	1.04	—			0.338	0.067	0.134	0.997					
10	0.115	—			0.268	0.084	0.694	0.293	0.683				
11	0.469	—	0.007	0.007	0.577	0.179	—	0.824	0.65	1.154			
12	0.536	—	—	—	0.86	0.338	—	0.885	0.872	1.371	1.171		

冬季	1	2	3	4	5	6	7	8	9	10	11	12	13
13	0.678	—	—	—	0.499	0.14	0.2	0.666	0.899	0.5	0.858	0.727	

注：表中1、2、3、4、5、6、7、8、9、10、11、12、13分别表示小席藻、颤藻、螺旋藻、小空星藻、衣藻、栅藻、绿球藻、梅尼小环藻、针杆藻、舟形藻、单鞭金藻、卵形隐藻、尾裸藻。

在种属间生态位重叠方阵中，当 $i=j$ 时，通过比较 ΔSO_{ij} 大小来说明不同的环境条件下不同种属的发展衰退状况。ΔSO_{ij} 为正值时表明该种属处于发展状态，为负值时则为衰退状态，为 0 时则表明该种属为中型种。为了确定不同时期优势种对生境条件的生态响应状况，本研究根据生态位宽度计算了生态响应速率，计算结果见表 7-4。在夏季，只有舟形藻的生长空间在缩小，处于衰退状态，属衰退型，其他优势种均处于发展状态，其中小席藻的发展空间最大，其次是螺旋藻。在冬季，针杆藻、单鞭金藻、卵形隐藻处于衰退状态，衰退空间不大，其他优势种均处于发展状态，其中小席藻的发展空间最大。

表 7-4 乌梁素海优势种的生态响应速率

优势种编号	夏季		冬季	
	ΔSO_{ij}	R	ΔSO_{ij}	R
1	10.901	0.335	5.659	0.459
2	0.927	3.948	—	—
3	7.536	0.295	—	—
4	3.522	1.170	4.482	0.290
5	2.489	0.775	1.301	1.891
6	2.515	1.467	—	—
7	1.431	1.775	—	—
8	4.012	0.446	1.294	1.832
9	0.285	7.368	−0.221	−24.072
10	−0.114	−9.561	0.497	4.024
11	4.439	0.511	−0.237	−14.430
12	4.179	0.778	−1.101	−2.243
13	0.861	2.671	0.492	10.244

注：表中1、2、3、4、5、6、7、8、9、10、11、12、13分别表示小席藻、颤藻、螺旋藻、小空星藻、衣藻、栅藻、绿球藻、梅尼小环藻、针杆藻、舟形藻、单鞭金藻、卵形隐藻、尾裸藻。

7.2.4 乌梁素海浮游植物种群生态位分化

首先对乌梁素海浮游植物优势种进行去趋势分析（DCA），得出四个轴长度最大值为 2.501，虽然最长梯度小于 3，根据线性模型是单峰模型一种特例，所以分析中选择单峰模型 CCA 分析是合适的。乌梁素海浮游植物种类组成与各项环境因子之间的 CCA 分析如图 7-2 和表 7-5 所示，CCA 排序中的环境因子温度（T）、盐度（Sal）、总氮（TN）、总磷（TP）、总溶解固体（DSS）、悬浮物（SS）、叶绿素 a（Chl.a）、化学需氧量（COD）和 pH 值共解释了浮游动物群落种类组成 55.5% 的总变异。轴 1 和轴 2 的特征值分别为 0.582 和 0.444，分别解释了总变异的 20.2% 和 15.4%。轴 1 和轴 2 的种类-环境相关系数分别为 0.969 和 0.945，表明这 9 个环境因子与浮游植物群落存在显著的相关性。颤藻、绿球藻和尾裸藻适宜于富营养化水体，图 7-2 说明其受营养盐 TN 和 TP 影响最大。

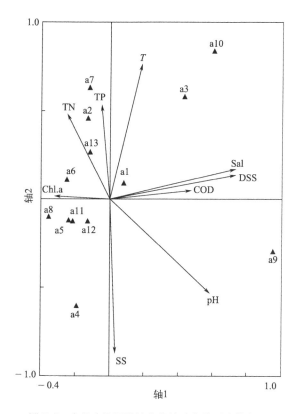

图 7-2 乌梁素海浮游植物优势种典范对应排序图

a1—小席藻；a2—颤藻；a3—螺旋藻；a4—小空星藻；a5—衣藻；a6—栅藻；a7—绿球藻；
a8—梅尼小环藻；a9—针杆藻；a10—舟形藻；a11—单鞭金藻；a12—卵形隐藻；a13—尾裸藻

表 7-5　乌梁素海浮游植物优势种 CCA 分析结果

轴	特征值	种类-环境相关系数	种类变量累积率/%	种类-环境相关性累积率/%	总特征值	总典范特征值
1	0.582	0.969	20.2	29.8	2.879	1.95
2	0.444	0.945	35.6	52.6		
3	0.351	0.898	47.8	70.6		
4	0.222	0.81	55.5	82		

结合表 7-5 中各环境因子与排序轴的相关性大小，分析图 7-2 可知，CCA 轴 1 基本反映了 DSS（0.7207）、Sal（0.7133）、COD（0.468）和 Chl. a（−0.3072）的梯度变化，DSS、Sal 和 COD 逐渐增加，与轴 1 呈极显著性正相关；而 Chl. a 逐渐下降，与轴 1 呈显著性负相关。轴 2 基本反映了 TP（0.5032）、T（0.7229）和 SS（−0.8295）的梯度变化，沿轴 2 从下到上，TP 和 T 逐渐增加，与轴 2 呈极显著性正相关；SS 逐渐减少，与轴 2 呈极显著性负相关。浮游植物种类除四种分布在排序图的右侧外，其余大部分种类集中分布在排序图的左侧，说明大部分浮游植物种类的适盐性较低，丰度随盐度增加而减少。梅尼小环藻、栅藻、衣藻、单鞭金藻和卵形隐藻等与轴 1 的距离最近，表明这些种受总溶解固体浓度和盐度的影响最大，是水体叶绿素 a 浓度增加的主要贡献者。分布在图 7-2 右侧上方的小席藻和螺旋藻受温度影响最大；硅藻门的舟形藻与水体中环境因子的相关性较低，与其他浮游植物种类之间的距离较远。分布在右侧下方的硅藻门的针杆藻，受水体 pH 值影响最大，与水体中其他环境因子相关性很低。

7.3　讨论

7.3.1　浮游植物优势种生态位宽度

生态位宽度越宽表示物种对环境中各种资源的利用能力越强，其在环境中的竞争能力就越强，被特化的程度就越小，即为广布种或是泛化种，而生态位越窄，其对环境中各种资源的利用能力越弱，其在环境中的竞争能力越小，被特化的程度就越大，即特化种，通常可作为水域的指示种。在现代生态学研究中，使用生态位宽度表示物种占有生境资源的数量及其空间分布状况，在不同季节，生态位宽的优势种分布广、密度大，适应生境变化的能力也强，在夏季，乌梁素海绿藻门的小空星藻和栅藻、蓝藻门的小席藻和颤藻生态位较宽，这些藻种在夏季的全湖内均有分布，且在各个分布点上的密度也最大，说明对夏季的生境适应性也强。这与乌梁素海发生水华时绿藻门藻种暴发的情况一致。冬季硅藻门的针杆藻和裸藻门的尾裸藻生态位较宽，这两个藻种在冬季全湖的密度最大，非常适应冬季的温度，占据资源的点位和数量较大。生态位窄的优势种分布相对集中、密度不大，适应生境变化的能力也较弱，在夏季乌梁素海优势种的衣藻、梅尼小环藻和舟形藻的生态位较窄，不能分布在各个监测点位上，对生境的适应能力较差。这些藻种的生态位在冬季也很窄，表明占据资源点位和出现的时间相对集中。

孟东平利用生态位理论研究汾河太原段清洁河段与污染河段中优势种的生态位宽度和生态位重叠指数，发现优美曲壳藻是清洁河段生态位宽度最宽的藻种，而中间菱形藻和纤维藻属是污染河段生态位宽度最宽的藻种，同时生态位重叠指数表明清洁河段中藻类对资源的利用明显高于污染河段，即污染河段的藻类分化现象明显。汪志聪等研究表明不同污染程度的巢湖东区和西区，其同一浮游植物种的生态位宽度存在较大差异，因此可以利用同一物种在不同营养状态下生态位宽度变化的特性，将物种作为水体的指示种具有一定的意义。

本次研究表明，夏季的小空心藻、栅藻、小席藻和颤藻，冬季的针杆藻和尾裸藻的生态位宽度较宽，与其他藻种相比更有竞争能力，能更好地利用环境资源。无论夏季还是冬季，衣藻、梅尼小环藻和舟形藻的生态位均较窄，说明在不同的季节，相应较宽生态位的藻种此时分泌化感物质和水生植物竞争抑制了其生长，这些较宽生态位的藻种对衣藻、梅尼小环藻和舟形藻产生了很大的竞争压力，影响了它们对资源的利用。这也决定了生态位较窄的优势种，在适合自己生长的生境条件下分布范围也较窄，也可能是共同的生境环境特殊的因子对该优势种的数量和分布起到了抑制或制约作用。

7.3.2 浮游植物优势种生态位重叠

在现代生态学研究中，使用生态位重叠表示物种或物种之间对资源的利用情况和对生境适应能力的相似程度以及物种分布地段的交错程度。当两个物种利用同一资源或共同占有某一资源因素（食物、营养成分、空间等）时，就会出现生态位重叠现象，生态位重叠指数是生态位测度的另一个指标。通过对不同物种生态位重叠指数的计算，来反映物种之间对相同环境资源的利用情况。生态位重叠指数越大，表示不同物种对相同资源的分享程度及适应环境的相似性就越大。优势种的分布状况与生态位的重叠程度关系密切。

不同季节中衣藻与针杆藻、针杆藻与舟形藻的生态重叠指数的变化，说明夏季与冬季环境资源的差异较大，引起了藻种生态位的变化，从而导致生态重叠指数的变化。在夏季的小席藻与螺旋藻、小席藻与绿球藻、衣藻与针杆藻、针杆藻与舟形藻和在冬季的衣藻与栅藻、舟形藻与卵形隐藻的生态位重叠指数均较高，说明优势种之间在资源利用上竞争激烈，且占据竞争优势。无论是冬季还是夏季，衣藻与针杆藻和栅藻，舟形藻与卵形隐藻和针杆藻生态位重叠较高，在不同时期和不同分布点位均有分布，且分布数量和占据资源较多，竞争压力也大。夏季和冬季造成衣藻数量较少的原因很可能是衣藻与针杆藻、栅藻在资源竞争过程中受到较大的抑制导致的。由于藻种的生态位与资源状态息息相关，当环境资源比较丰富的时候，物种间的生态位一般不会发生变化，当它们共同需要的环境资源贫乏时，物种间由于竞争利用资源，使得其生态位发生改变，同时生态重叠指数也发生变化。

在复杂的生态环境中，浮游植物群落的生态位总是倾向于分享其他物种的基础生态位部分，引起了几种物种对几种资源的共同需求，使得不同物种的生态位处于不同程度的重叠现象，当两种或两种以上物种出现生态位重叠并产生竞争压力的时候，如果竞争的资源不充足，生态位重叠的物种间就会产生竞争，这也导致了不同物种生态位重叠的情况显著影响着一定生境下的浮游植物群落结构。

在乌梁素海，衣藻与针杆藻、针杆藻与舟形藻的生态重叠指数夏季与冬季相差很大，这种变化是由于生境条件发生变化导致的，竞争关系随着环境的变化也产生了波动，同时也决定了夏季和冬季浮游植物群落结构的变化；生境条件的变化也是冬季硅藻门数量多于夏季的主要原因。

第 **8** 章

浮游植物功能群的演替规律
及影响因子研究

8.1　材料与方法

8.1.1　采样点布置

根据乌梁素海污染源分布、水文及环境特征，设置了 10 个采样点（采样点位置见第 3 章）。

8.1.2　样品采集与处理

取样时间为 2011 年 6 月—2013 年 8 月，每年 11 月、12 月、2 月、3 月、4月未采集样品（水体处于冻融过渡期，无法采集），其他时期每月一次。取样现场测定水温（T）、水深（WD）、电导率（EC）、pH、溶解氧（DO）、透明度（SD）等水质参数，同时采集水样带回实验室进行总氮（TN），总磷（TP）、总溶解性固体（TDS）等指标进行测定。

浮游植物定性样品用 25 号浮游生物网划"∞"形捞取，经 1% 福尔马林溶液保存，用于种类鉴定和分析。浮游植物定量样品使用自制采水器采集 1 L 水样后加入鲁哥试剂固定，另加 1% 的福尔马林液保存。将采集的浮游植物样品带回实验室后经静置、沉降浓缩至 30 mL 后，随机取 0.1 mL 浓缩样品置于显微镜下进行种类及密度鉴定。浮游植物种类鉴定参照《中国淡水藻类——系统、分类及生态》和《淡水微型生物图谱》等资料。

8.1.3　数据处理

采用 CANOCO4.5 软件进行排序和制图。在进行对应分析之前，先将各月浮游植物功能群数据进行去趋势的间接梯度分析（detrended correspondence analysis，DCA），结果发现每个排序轴的梯度长度值（lengths of gradient）均小于 3，因此采用线性模型的冗余直接梯度分析（redundancy analysis，RDA）进行功能群与环境因子的排序更为合适。物种数据采用浮游植物功能群丰度数据，按照功能群在各月出现频率≥20%，且至少在一个月的相对丰度≥1%进行筛选。物种数据与环境因子数据（除 pH）均进行 $\lg(x+1)$ 转换，以文件格式.env 录入。在进行 RDA 分析时，还需要对所选的环境因子进行蒙特卡罗置换检验（Monte Carlo permutation test），以保证环境因子对浮游植物功能群有较好的解释。排序结果用物种-环境因子关系的双序图表示。

8.2 结果与分析

8.2.1 浮游植物物种组成与功能群划分

2011 年 6 月—2013 年 8 月，共发现浮游植物 7 门 110 属 281 种，绿藻为 47 属 126 种（45%），硅藻和蓝藻分别为 25 属 64 种（23%）和 22 属 46 种（16%），绿藻、硅藻以及蓝藻是乌梁素海的主要浮游植物种类（84%），其他裸藻、金藻、隐藻及甲藻类群出现的种属相对很少，分别为 9 属 30 种、4 属 8 种、2 属 4 种、1 属 3 种。根据相关文献，将研究期间所有浮游植物物种进行功能类群分组。共归纳出常见的 23 个功能类群，分别为 A、C、D、P、F、G、X2、M、Y、X1、S1、T、TC、H1、SN、W1、W2、N、S2、X3、J、L0、MP，如图 8-1 所示。其中 D（96.24%）、MP（88.73%）、F（87.79%）、C（87.32%）、

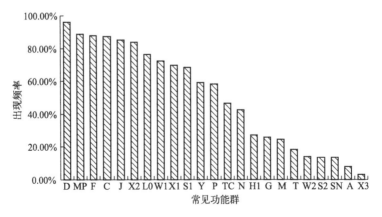

图 8-1 常见浮游植物功能组率统计（样本量 $n=$ 232）

J（84.97％）、X2（83.57％）、L0（76.53％）、W1（72.30％）、X1（69.95％）、S1（68.54％）、Y（59.15％）和 P（58.22％）是出现频率较多的功能群。常见功能群、代表性种（属）及生境描述见表 8-1。

表 8-1　常见功能群、代表性种（属）及生境描述

功能群编号	代表性种（属）	功能类群生境特征
A	根管藻、胸隔藻	清澈、混合、贫营养水体
C	梅尼小环藻	较浅、浑浊、富营养中小水体，对分层敏感
D	针杆藻、菱形藻	较浑浊、浅水水体
F	胶网藻、月牙藻、蹄形藻、卵囊藻	较浑浊、深层、混合、中至富营养湖泊
G	实球藻、空球藻	—
H1	鱼腥藻、束丝藻	浅水的、富营养的水体
J	十字藻、栅藻、空心藻、四角藻	浅水的、混合的、能适应低光、高富营养水体
L0	平裂藻、色球藻、羽纹藻	广适性
M	微囊藻	较稳定的、透明度不能太低、中富营养水体
MP	舟形藻、卵形藻、双菱藻、绿球藻	不稳定的水体
N	鼓藻、角星鼓藻、叉星鼓藻	浅的、混合的、光照较好的水体
S1	蓝纤维藻、席藻、细鞘丝藻	浑浊的、混合的水体
S2	螺旋藻	—
SN	小尖头藻	温度较高的、混合水体，对冲刷敏感
T	转板藻、并联藻	—
TC	颤藻	—
W1	裸藻、扁裸藻	不稳定、有机质较高水体
W2	囊裸藻、陀螺藻	不太稳定、中富营养水体
P	脆杆藻、等片藻、新月藻	不稳定、低温
X1	小球藻、纤维藻、弓形藻	混合的、富营养水体，对营养盐限制较为敏感
X2	衣藻、蓝隐藻	中营养水体
Y	隐藻	广适性（多反映了牧食压力低的静水环境）

8.2.2　优势功能群的季节演替规律

　　浮游植物的演替过程是最适应特定生境条件的物种替代了其他物种，从而生物量占优的一系列的自发性过程的集合。生物量占优势的物种发生交替可作为演替的标志。本研究将功能群按月份计算其相对生物量，筛选出相对生物量≥10％的视为该月份的优势功能群。

结果显示，TC、X1、X2、Y、C、W1、D、MP、J、S1、L0、F、SN、N、H1、P 是乌梁素海的优势功能群，其季节演替规律见表 8-2。C＋J 组合是 2011 年初夏 6 月的主要优势功能群，为 61.62％。进入夏季 7 月，优势功能群组明显增多，除 TC 为 22.20％，其他均在 10％左右。夏末 8 月，功能群组减少，TC、Y 未形成优势功能群，W1、C、D 的相对生物量增加。进入秋季，X2 成为主要优势功能群，为 40.32％，同时功能群数明显减少。10 月，C＋MP 组合是主要优势功能群，为 47.42％。进入 2012 年 1 月冬季，W1 是主要优势功能群，为 40.86％。X2 也较大，为 26.72％。春末 5 月，W1 相对生物量明显下降，为 21.94％。X2＋Y 组合演替为 C＋D＋J 组合，为 47.90％。进入初夏 6 月，C＋W1＋J 组合相对生物量略有增加。MP＋D 组合演替为 L0＋S1 组合，为 23.18％。夏季 7 月，MP＋D 又形成优势功能群。L0＋S1 组合演替为 TC＋SN 组合，为 30％左右。夏末 8 月，优势功能群数明显减少。Y 是主要优势功能群，为 42.69％。进入秋季 9 月，MP＋X2 是主要优势功能群，为 62.90％。10 月，X2 是主要优势功能群，达 41.16％。进入 2013 年 1 月冬季，MP＋C＋W1 组合是主要优势功能群，为 58.46％。5 月，W1＋MP＋C 组合仍是主要优势功能群，N＋Y 组合演替为 J 功能群，为 11.24％。6 月，J＋C 是主要优势功能群，为 64.22％。7 月，H1＋TC 组合为 32.24％。P、J 均在 10％左右。8 月，TC＋H1 组合相对生物量上升到 58.23％，为主要优势功能群。2011～2013 年调查期间，优势功能群的演替过程呈现出一定的规律性。C、MP、W1、X2 是乌梁素海湖区出现频率最多，且生物量比重较大的优势功能群。C、MP 在全年均出现，且主要在温度较低的冬季以及春季、秋季较大。L0、J 在每年的春季、夏季形成优势功能群。TC 主要是在夏季形成优势功能群，H1 仅在 2013 年夏季形成优势功能群。X2 功能群在秋季、冬季形成优势功能群，W1 功能在全年中均可能成为优势功能群，且冬季的生物量比重较大。

表 8-2 优势功能群组季节演替规律

季节		2011 年	2012 年	2013 年
冬季	1 月	—	_MP+ W1+ X2+ Y_	_MP+ C+ W1+ N+ Y_
春季	5 月	—	_C+ MP+ W1+ D+ J_	_MP+ C+ W1+ J_
夏季	6 月	_C+ J+ MP_	_C+ J+ W1+ L0+ S1_	_J+ C_
	7 月	_TC+ C+ MP+ X2+ Y+ W1+ D_	_MP+ D+ L0+ TC+ SN_	_TC+ J+ H1+ P_
	8 月	_W1+ C+ MP+ D+ X2_	_Y+ TC_	_TC+ H1_

季节		2011 年	2012 年	2013 年
秋季	9 月	_X2+ C+ Y_	_MP+ X2_	—
	10 月	_C+ MP+ X2+ S1_	_C+ X2_	—

8.2.3　优势功能群的空间变化过程

将乌梁素海功能群分为包含优势功能群组的 MP、C、D、H1、J、L0、TC、W1、X2、F、Y、A 以及其他，共 12 个功能群组来讨论乌梁素海空间各样点的功能群组成差异，如图 8-2 所示。利用 Kruskal-Wallis 对 13 个功能群组进行方差分析。结果显示，乌梁素海各样点间 C、X2、J 功能群组（以生物量计）具有极显著性差异（$P<0.01$）；MP、W1、Y、A 功能群组（以生物量计）具有显著性差异（$P<0.05$），其他功能群组没有显著差异。

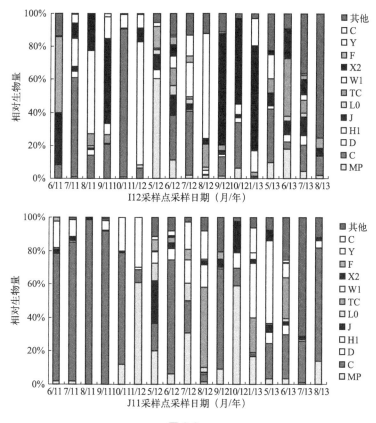

图 8-2

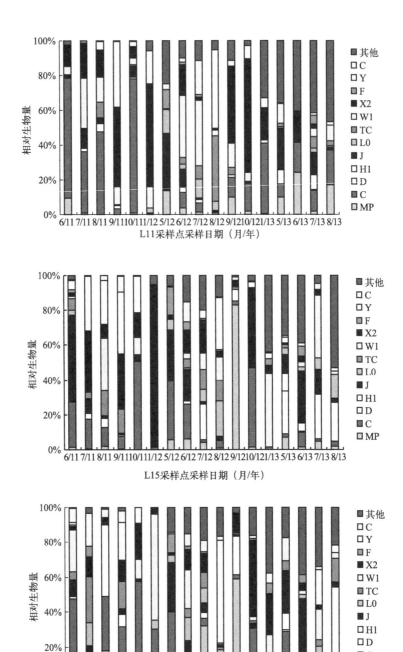

内蒙古典型湖泊浮游植物群落特征及生态效应研究

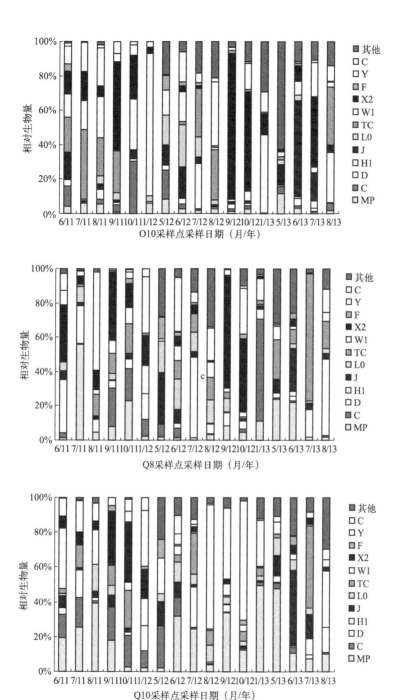

图 8-2

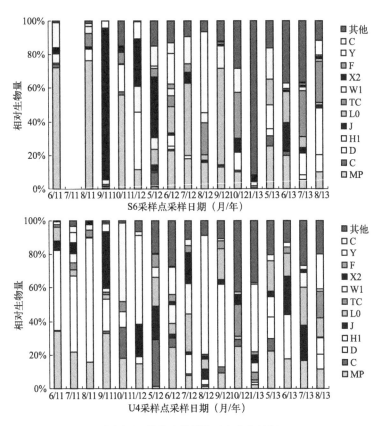

图 8-2 优势功能群的时空分布特征

J11 样点主要功能组成为 C＋MP＋W1，其中以 C 占绝对优势，尤其在 2011 年期间。2012 年功能群组明显增加，但大部分期间仍以 C＋MP＋W1 为主要功能群组。2012 年 8 月较为特殊，功能群组成为 W1＋TC＋Y。W1 在每年的 1 月份和 5 月份的相对生物量增加。I12 样点主要功能组成为 W1＋C＋X2。不同季节功能群相对生物量差异较大。其中 W1 功能群在冬季组成较大。X2 功能群在秋季 9 月、10 月以及冬季 1 月组成较大。L11 样点主要功能群组成为 C＋W1＋X2。L15 样点功能群组成在不同年际间的差异较为明显。2011 年主要功能群组成为 C＋X2＋Y＋J，其中 1 月 X2 功能群绝对占优，2012 年 5 月下旬 C＋J，9 月份 MP 占绝对占优。2013 年其他功能群组所占比例较大，主要组成为其他＋W1＋H1＋J。N13、Q8、Q10 功能群组成较为丰富，主要组成为 C＋MP＋W1＋X2＋D＋TC＋Y＋C＋H1。O10 样点的功能群组成主要是 J＋TC＋W1＋X2＋Y。X2 功能群在 9 月份占绝对优势。S6 样点，MP 在 2011 年组成比例较大，X2 在 2011 年 9 月份成为主要功能群，其他月份主要为 L0＋D＋C＋MP＋TC＋X2＋H1 等组成。U4 样点，组成为 D＋MP＋L0＋Y。D＋MP 在 2011 年期间是其绝对占优功能群组。其他功能在 2012—2013 年间所占比例也较大。Y 在夏季及冬季的比例较大。

整个乌梁素海湖区功能群组成的丰富程度呈现湖区中部＞湖区南部＞湖区入口的规律，其中功能群组最较为丰富的湖区中部包括 N13、Q8、Q10 样点，其主要功能群组为 C＋MP＋W1＋X2＋D＋TC＋Y＋C＋H1，其次是湖区南部的 S6、U4 样点的功能群组，主要组成为 L0＋D＋C＋MP＋TC＋X2＋H1，功能群组成最少的为入湖区域 J11、I12、L11 样点，主要组成为 C＋W1＋X2＋MP。

8.2.4 浮游植物主要功能群与环境因子的关系

环境因子共选取水深（WD）、水温（T）、透明度（SD）、pH 值、电导率（EC）、溶解氧（DO）、总氮（TN）、总磷（TP）以及总溶解性固体（TDS）等 9 个水质参数，见表 8-3。对所选的 9 个环境因子进行蒙特卡罗置换检验（Monte Carlo permutation test）。结果显示，W、T、pH 等环境因子呈极显著（$P<0.01$）；TN、EC、TDS、TP 呈显著（$P<0.05$）；SD、DO 不显著（$P>0.05$）。RDA 统计在表 8-4、表 8-5 中，轴 1、轴 2 对浮游植物功能群的解释率分别为 57.4％、18.6％，累计解释率为 76.0％。功能群与环境因子的相关性均在 0.9 以上，且功能群与环境因子的累计方差为 83.6％，说明 RDA 排序图中的前两个排序轴能很好地解释功能群与环境因子之间的关系。从环境因子与排序轴 1、排序轴 2 的相关性表中可以看出，浮游植物功能群的季节分布主要受湖区的水深、温度、pH、总磷的影响较大。其中水深（$r=-0.835$）、温度（$r=-0.727$）与第一排序轴呈强负相关，而总磷（$r=-0.761$）、pH（$r=-0.630$）与第二排序轴呈强负相关。

表 8-3 环境因子统计特征

月/年	SD /m	WD /m	T /℃	pH	EC /（Ms/cm）	DO /（mg/L）	TDS /（μg/L）	TN /（mg/L）	TP /（mg/L）
07/2011	0.59	1.85	25.71	8.63	3.59	9.16	1.89	2.80	0.21
10/2011	0.67	1.06	9.12	8.53	3.26	6.05	1.69	2.17	0.16
02/2012	0.78	1.00	0.15	8.46	5.85	5.92	3.09	8.87	0.41
05/2012	0.63	1.94	20.37	8.18	4.22	10.71	2.23	2.71	0.21
07/2012	0.82	2.50	26.44	8.60	3.25	9.16	1.59	2.70	0.09
10/2012	0.95	2.39	8.12	8.61	2.57	13.87	1.42	2.59	0.18
05/2013	0.64	2.32	17.30	8.63	3.79	7.96	1.89	3.52	0.46
07/2013	0.82	2.50	26.62	8.69	1.20	9.16	0.60	3.02	0.38

表 8-4 主要浮游植物功能群组与环境因子的冗余分析（RDA）统计特征

RDA 统计量	典范轴				合计
	1	2	3	4	
特征值	0.574	0.186	0.116	0.051	1.000
物种-环境相关性	0.986	0.983	0.978	0.974	
物种累积方差/%	57.4	76.0	87.6	92.7	
物种-环境关系累积方差/%	66.0	83.6	96.3	98.7	
所有特征值之和					1.000
所有典范特征值之和					0.997

表 8-5 环境因子与排序轴 1、排序轴 2 的相关系数

环境因子	相关系数	
	排序轴 1	排序轴 2
SD	0.038	−0.305
W	−0.835	−0.077
T	−0.727	0.207
pH	−0.178	−0.688
EC	0.484	0.381
DO	−0.489	0.298
TDS	0.521	0.382
TN	0.413	−0.400
TP	−0.030	−0.761

位于 RDA 排序图右上方第一象限的环境因子有 EC 和 TDS（图 8-3），分别与排序轴 1 的相关系数为 0.484、0.521，与排序轴 2 的相关系数为 0.381、0.382。该区主要反映了湖区中离子含量的多少。S1、MP、W1、C 功能群组与湖泊中离子含量关系较大，说明这些功能群组主要分布在盐度相对较高的水域中。位于 RDA 排序图左上方第二象限的环境因子有 DO、T，分别与排序轴 1 的相关系数为 −0.489、−0.727，与排序轴 2 的相关系数为 0.298、0.207。F、J 功能群组与湖区水体温度、溶解氧的关系较大。位于 RDA 排序图左下方第三象限的环境因子有 W、pH、TP，分别与排序轴 1 的相关系数为 −0.835、−0.178、−0.030，与排序轴 2 的相关系数为 −0.077、−0.688、−0.761。该区域主要是反映湖区水深及酸碱程

度。P、L0、X1 功能群组受水体温度及水深的影响较大。位于 RDA 排序图右下方第四象限的环境因子有 SD、TN，分别与排序轴 1 的相关系数为 0.038、0.413，与排序轴 2 的相关系数为 −0.305、−0.400。该区域主要是反映湖区营养盐水平。X2、TC、Y 功能群受湖区营养盐的影响较大。

总体而言，乌梁素海浮游植物主要功能群与环境因子的季节影响关系较为明显，可根据主要功能群组对环境因子的响应变化以及结合乌梁素海实际环境特征，将功能群分为三大群落，分别为浅水区高盐度的功能群组 S1、MP、W1、C；高温深水低营养盐功能群组 P、L0、X1、F、J 以及低温高营养盐功能群组 X2、TC、Y。

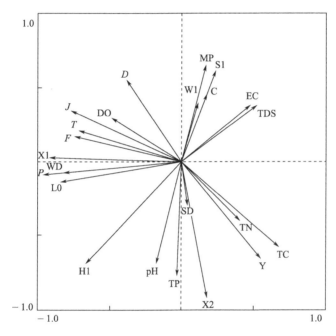

图 8-3 浮游植物主要功能群组与环境因子的 RDA 排序

8.3 讨论

目前，将水域中浮游植物按照功能群划分的方法，已经在多数河流、湖泊中得到广泛的应用。该划分方法更多地结合了浮游植物的生境、耐受性以及敏感性等特征，能更好地解释浮游植物物种对特定环境的响应关系。与浮游植物群落组成相似，功能群组成也要受到水域的水动力、水文、营养盐以及捕食作用等多个环境因子及过程的影响。水域不同其影响功能群组成及演替的主要环境因子也不同。乌梁素海优势功能群具有明显的组成特征及演替规律，且乌梁素海浮游植物功能群组的季节分布主要受湖区的水深、温度、pH 及总磷的影响较大。

整体来说，乌梁素海的功能群组成较为丰富，全年主要出现的功能群组有 C、MP、W1、X2、D、L0、J、Y、S1、TC、H1 及 SN。按照功能类群对环境的指示作用分析，C 功能群（梅尼小环藻）主要是分布在富营养化及水体混合程度较高的中型湖泊中，在较低温度及低光照的条件下形成优势，这一特征与乌梁素海湖泊的实际情况相一致。J 功能群组（栅藻、空心藻）适应在较浅的、混合程度较好及富营养化较高的水域中生存。S1 功能群组（假鱼腥藻、鞘丝藻）适应生境为浑浊的、混合的水域中。乌梁素海每年 5 月为春浇时期，大量的污染物排入湖区，且水量较大，尤其是在乌梁素海的入湖区，水体较浑浊，透明度较低，水下的光照较弱，因此，有利于 J＋S1 功能群在春季及夏初形成优势功能群。L0 功能类群（平裂藻、色球藻）适应的生境为浅水或深水，贫营养到富营养水体，中等到大型湖泊，其生境范围较广，是广泛类群，主要在初春形成优势功能群组。研究表明，L0 的分布与水体温度相关性较高，RDA 图中也显示 L0 功能群分布与温度因子关系较为密切。根据黄享辉对不同营养水平的热带水库的优势功能群研究发现，低营养盐的水库中主要出现的功能群组有 B、X2、Y、E、M、L0 和 MP，而超富营养状态的东丫湖中浮游植物功能群主要有 W1、J、P、D 耐污的功能群组。乌梁素海功能群也主要由 MP、X2、Y 以及 W1、D、L0、J、S1 等组成，说明乌梁素海功能群水体处于中-富营养化状态。同时富营养化及有机污染较严重水库中 P、W 和 J 功能群主要与水体中的营养盐相关性较大，但在乌梁素海的 RDA 分析中显示，J、P 以及 L0、X1 均处于低营养盐的环境，分析其原因可能是，乌梁素海营养盐的总体水平偏高，尤其冬季营养盐浓度最高，因此在各季节变化中营养盐不会成为功能群的限制因子。D 功能群组（尖针杆藻）能适应透明度较低的湖泊，甚至是河流水体。在乌梁素海春夏季也占一定的优势，且主要在湖泊南部的开阔水域中分布较多，主要原因是该区域水深较大，水面为开阔水域，易受到风的作用而增强水动力条件。W1（尖尾裸藻）、Y（卵形隐藻）主要与水域中总氮及总磷的关系较大，但其温度也是主要的限制因子。乌梁素海水体环境较为特殊，除了受季节变化，它主要还受入湖口污染物负荷的影响，因此，属于受外界干扰较大且不稳定的湖泊环境。

8.4 结论

（1）乌梁素海湖区共 23 个常见功能群，D、MP、F、C、J、X2、L0、W1、

X1、S1、Y、P 是出现频率较多的浮游植物功能群。优势功能群为 C、MP、X1、X2、W1、TC、Y、D、J、S1、L0、F、SN、N、H1、P。

（2）调查期间优势功能群的演替过程呈现出一定的规律性。C、MP、W1、X2 是乌梁素海湖区出现频率最多，且生物量比重较大的优势功能群。其中 C、MP 在各季节均形成优势功能群，且相对生物量在温度较低的冬季以及春季、秋季较大。L0、J 在每年的春季、夏季形成优势功能群。TC 主要是在夏季形成优势功能群，H1 仅在 2013 年夏季形成优势功能群。X2 功能群在秋季、冬季占有优势，W1 功能在全年中均可能成为优势功能群，且冬季的生物量比重较大。

（3）功能群组成具有明显的空间差异，呈现湖区中部＞湖区南部＞湖区入口的规律。湖区中部包括 N13、Q8、Q10 样点，其功能群组最为丰富（C＋MP＋W1＋X2＋D＋TC＋Y＋H1），其次是湖区南部的 S6、U4 样点（L0＋D＋C＋MP＋TC＋X2＋H1），入湖区域 J11、I12、L11 样点组成最少（C＋W1＋X2＋MP）。

（4）乌梁素海湖区水深、温度、pH 及总磷等环境因子是浮游植物功能群季节演替的主要驱动因子。结合乌梁素海实际环境特征，可将功能群分为三大群落，分别为浅水区高盐度的功能群组 S1、MP、W1、C；高温深水低营养盐功能群组 P、L0、X1、F、J 以及低温高营养盐功能群组 X2、TC、Y。

第 9 章

基于 SOM 的乌梁素海浮游植物群落结构研究

9.1 材料与方法

9.1.1 采样点布置

湖区共布设 10 个采样点（采样点见第 3 章）。

9.1.2 样品采集及处理

湖区共布设 10 个采样点。采集时间为 2011 年 6 月、7 月、8 月、9 月、10 月，2012 年的 1 月、5 月、6 月、7 月、8 月、9 月、10 月，采集样品共 119 个。采集时段控制在当天的 9：00～15：00。参照水域生态系统观测规范，并结合乌梁素海实际水深，只取表层以下 0.5 m 处样品，对于水深超过 2 m 的区域，可依据现场实际情况，分层取样后，进行等量混合。为了减少采样误差，每个采样区域均取两个平行样品。

浮游植物的定性样品用 25♯ 的生物网在水体表面下 0～0.5 m 处以"∞"字形捞取，放入采样瓶后用 1%体积的甲醛溶液保存，用于种类鉴定和分析。定量样品取水面 0.5 m 以下处，现场加入鲁格试剂和福尔马林溶液固定，带回实验室经静置浓缩后进行种类鉴定和定量计数。浮游植物种类鉴定参照《中国淡水藻类——系统、分类及生态》和《淡水微型生物图谱》。

湖泊的水温（T）、水深（WD）、电导率（EC）、pH、透明度（SD）等水质参数使用 multi350i 便携式水质分析仪进行现场测定，总氮（TN）、总磷（TP）在实验室测定。

9.1.3 数据处理

9.1.3.1 浮游植物群落特征参数

（1）丰富度指数 D 的计算公式：

$$D = \frac{S-1}{\ln N} \tag{9-1}$$

（2）香农-威纳多样性指数 H 的计算公式：

$$H = -\sum_{i=1}^{s} p_i \ln p_i \tag{9-2}$$

（3）均匀度指数 J 的计算公式：

$$J = \frac{H}{\ln S} \tag{9-3}$$

式中，$p_i = n_i/N$；p_i 为第 i 种浮游植物的个数与样品中所有浮游植物个数的比值；n_i 为第 i 种浮游植物的个数；N 为所有浮游植物总个数；S 为样品中浮游植物种类数。

9.1.3.2 SOM 网络的原理和方法

（1）SOM 网络的原理

自组织特征映射网络模型（self-organizing feature map），简称 SOM，由芬兰赫尔辛基大学神经网络专家托伊沃·科霍宁（Teuvo Kohonen）在 1981 年首次提出。SOM 网络是由输入层和输出层（竞争层）构成的双层网络结构，如图 9-1 所示。网络上层为输出层（M 个节点），下层为输入层（N

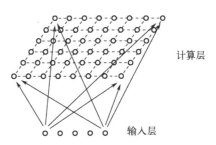

计算层

输入层

图 9-1 SOM 神经网络结构图

个节点）。所有输入节点到所有输出节点之间都有权值链接，竞争层节点之间也有权值链接，代表着相互作用。SOM 实质上是从任意维离散或连续空间（输入空间）到一维或二维离散空间（输出空间）的一种非线性映射，对于输入空间中的一个向量，首先根据其特征映射确定在输出空间中最佳匹配单元 BMU（best match unit），它的权重向量 W_{ij} 可视为它投影到输入空间的坐标，通过调整权重矩阵 W，可以使得输出空间表示输入空间的特征。

（2）SOM 网络的计算方法

设 SOM 网络的输入模式为：

$$p_k = (p_1^k, \ p_2^k \cdots\cdots p_N^k), \ (k = 1, \ 2\cdots\cdots q) \tag{9-4}$$

竞争层神经元的矢量为：

$$A_j(a_{j1}, \ a_{j2}\cdots\cdots a_{jM}), \ (j = 1, \ 2\cdots\cdots M) \tag{9-5}$$

竞争层神经元与输入层神经元之间的连接权为：

$$W_{ij} = (W_{j1}, \ W_{j2}\cdots\cdots W_{ij}\cdots\cdots W_{jN}), \ (i = 1, \ 2\cdots\cdots N; \ j = 1, \ 2\cdots\cdots M) \tag{9-6}$$

9.2 结果与分析

9.2.1 浮游植物群落的划分

本研究利用 MATLAB7.0.1 软件中的 SOM 工具箱（the som toolbox）编程实现分析计算。SOM 网络的输入层为样点与浮游植物丰度值矩阵，其中样点共119 个；物种选择主要物种 43 种。在进行 SOM 网络分析时，首先依据 Vesanto 和 Park 的方法，预先给定 SOM 输出神经元的数目，即确定 SOM 拓扑结构的规模。本研究中 $N \approx 5 \times \sqrt{119} \approx 55$，再根据量化误差与地形误差两个指标来最终确定 SOM 拓扑结构的规模。表 9-1 中，当 SOM 的拓扑结构规模为 63（9×7）时，其量化误差（7.869）与地形误差（0.000）最小，因此输出神经元的数目确定为 63个，SOM 的地图规模为 9×7 的拓扑结构。图 9-2 为 SOM 训练拓扑映射图。

表 9-1 不同规模的 SOM 的误差测量

SOM 拓扑结构的规模	42	49	56	63	64
	（7×6）	（7×7）	（8×7）	（9×7）	（8×8）
量化误差	8.328	8.186	8.064	7.869	7.986
地形误差	0.008	0.008	0.025	0.000	0.008

数字 1~63 表示 SOM 网络编号。罗马数字（Ⅰ~Ⅷ）表示浮游植物类型。字母与数字的组合表示在不同时期的样点，其中数字（1~10）表示为乌梁素海湖区的 I12、J11、L11、L15、N13、O10、Q8、Q10、S6、U4 样点；字母 A~M（不包括 H）分别表示 2011 年 6 月、7 月、8 月、9 月、10 月，2012 年 1 月、5 月、6 月、7 月、8 月、9 月、10 月。

由于图 9-2 的 SOM 网络没有明显的分类界限，因此需要结合 U-矩阵方法和 k-均值聚类的方法进行分类。分类的效果依据 Davies-Bouldin（DBI）指数测量。DBI 值越小，分类效果越好。

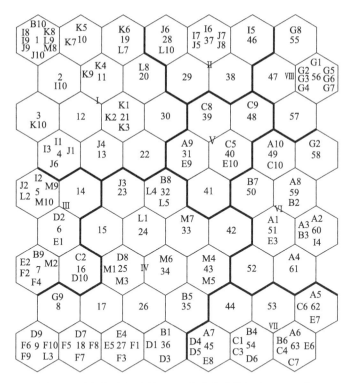

图 9-2 自组织特征映射 SOM 分类图（样本量 *n*= 119）

DBI 的计算公式为：

$$DBI = \frac{1}{n_c} R_i \tag{9-7}$$

式中，n_c 是分类数；$R_i = \max\limits_{j=1\cdots n_c,\ i \neq j} (R_{ij})$，$i = 1 \cdots\cdots n_c$，$j = 1 \cdots\cdots n_c$，$R_{ij}$ 是 i 分类和 j 分类的相似度，$R_{ij} = \dfrac{s_i + s_j}{d_{ij}}$；$d_{ij}$ 是 i 分类和 j 分类的距离，$d_{ij} = d(v_i, v_j)$，其中，v_i 和 v_j 是 i 分类和 j 分类的中心点；s_i 和 s_j 是 i 分类和 j 分类的离差度量，$s_i = \dfrac{1}{\|c_i\|} \sum\limits_{x \in c_i} d(x, v_i)$，$c_i$ 是 i 分类，$\|c_i\|$ 是 i 分类中要素数。按照不同分类数计算 DBI 值并比较，最后将所有样点分为Ⅰ～Ⅷ个群落，即 8 个群落类型，如图 9-3 所示。

群落Ⅰ：蓝纤维藻（*Dactylococcopsis*）＋平裂藻（*Merismopedia*）＋色球藻（*Chroococcus*）。包括样点 K1、K2、K3、K4、K5、K6、K7、K8、K9、K10（2012-8）；I1、I3、I8、I9、I10（2012-6）、J1、J6、J4、J9、J10（2012-7）、L7、L8、L9（2012-9）、M8（2012-10）、B10（2011-7）。

群落Ⅱ：平裂藻（*Merismopedia*）＋针杆藻（*Synedra*）＋栅藻（*Scenedes-*

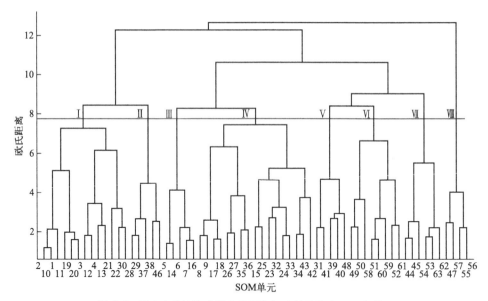

图 9-3 用完全连接法分类自组织特征映射网络（SOM）单元
（数字 1~63 表示其对应的 SOM 单元）

mus）＋卵囊藻（*Oocystis*）＋空星藻（*Coelastrum*）。包括样点 I5、I6、I7（2012-6）；J6、J7、J8（2012-7）；L10（2012-9）。

群落Ⅲ：小环藻（*Cyclotella*）＋舟形藻（*Navicula*）。包括样点 E1、E2（2011-10）；M2、M9、M10（2012-10）；F2、F4（2012-1）；D2、D10（2011-9）；I2（2012-6）；J2（2012-7）；L2（2012-9）；C2（2011-8）。

群落Ⅳ：衣藻（*Chlamydomonas*）＋小环藻（*Cyclotella*）。包括样点 M1、M3、M4、M5、M6、M7（2012-10）；F1、F3、F6、F7、F8、F9、F10（2012-1）；D1、D3、D7、D8（2011-9）；E4、E5（2011-10）；B1、B5、B8（2011-7）；L1、L4、L5（2012-9）；G9（2012-5）；J3（2012-7）。

群落Ⅴ：席藻（*Phormidium*）＋桥弯藻（*Cymbella*）＋针杆藻（*Synedra*）。包括样点 C5、C8、C9（2011-8）；E9、E10（2011-10）；A9（2011-6）。

群落Ⅵ：小环藻（*Cyclotella*）＋针杆藻（*Synedra*）＋绿球藻（*Chlorococcum*）＋栅藻（*Scenedesmus*）。包括样点 A1、A1、A3、A3、A8、A10（2011-6）；B2、B3、B7（2011-7）；I4（2012-6）；G2（2012-5）；C10（2011-8）；E3（2011-10）。

群落Ⅶ：小环藻（*Cyclotella*）＋绿球藻（*Chlorococcum*）＋衣藻（*Chlamydomonas*）。包括样点 A5、A6、A7（2011-6）；C1、C3、C4、C6、C7（2011-8）；B4、B6（2011-7）；E6、E7、E8（2011-10）。

群落Ⅷ：栅藻（*Scenedesmus*）＋蓝纤维藻（*Dactylococcopsis*）＋绿球藻

(*Chlorococcum*)＋针杆藻（*Synedra*）＋小环藻（*Cyclotella*）。包括的样点 G1、
G3、G4、G5、G6、G7、G8（2012-5）。

9.2.2　浮游植物群落优势种分析

优势种的分布情况如图 9-4 所示。席藻多分布于 SOM 的中部，属群落Ⅴ；平
裂藻多分布于 SOM 的上方，属群落Ⅰ和Ⅱ；色球藻多分布于 SOM 的左上，属Ⅰ群落；
空星藻多分布于 SOM 的右上及右下，属群落Ⅱ和Ⅶ；衣藻多分布于 SOM 的下方，
属群落Ⅳ和Ⅶ；栅藻多分布于 SOM 的右上和右下，属群落Ⅵ和Ⅷ；小环藻多分布
于 SOM 的中部，属群落Ⅵ和Ⅵ；针杆藻多分布于 SOM 的右上，属群落Ⅱ、Ⅴ、Ⅵ、
Ⅷ；舟形藻多分布于 SOM 的右上，属群落Ⅷ；卵囊藻多分布于 SOM 上方及中下
方，属群落Ⅱ和Ⅵ；绿球藻多分布于 SOM 的右方，属群落Ⅵ、Ⅶ和Ⅷ。

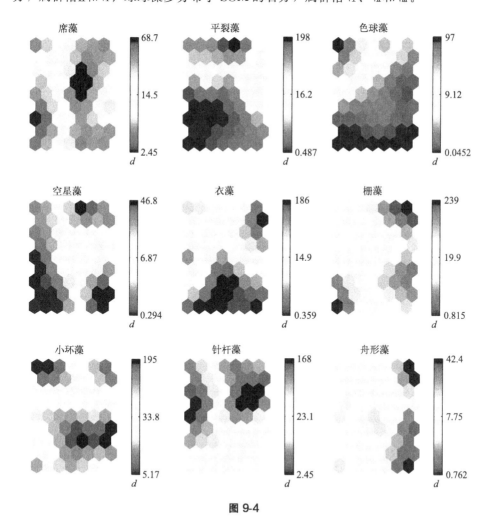

图 9-4

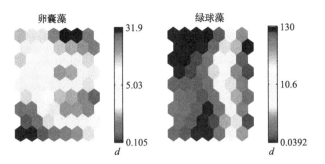

图 9-4 浮游植物优势种在自组织特征映射网络训练图上的分布

（ $d \times 10^6$ ind/L 表示浮游植物丰度值）

9.2.3 浮游植物群落的多样性分析

群落间的多样性指数显示（图 9-5），群落Ⅲ与群落Ⅴ的丰富度指数 D、香农-威纳多样性指数 H 及均匀度指数 J 明显偏低，其他群落相差不大。在群落组成上，群落Ⅲ是以硅藻占据绝对优势，群落Ⅴ是以硅藻占优势，还有部分蓝藻。这与湖区实际调查情况较为一致。分析原因可能主要和该时期温度较低以及区域环境有较大关系。硅藻适合在温度较低的环境中生长和繁殖，加之湖区入湖口的水深浅，水流大，透明度低；出湖口沉水植物密集等环境条件，致使群落Ⅲ与群落Ⅴ的多样性指数以及均匀度偏低。

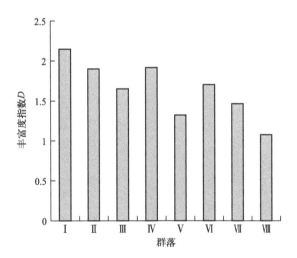

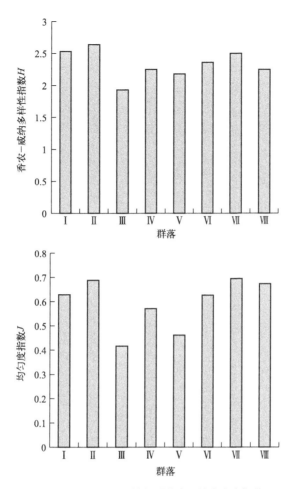

图 9-5 SOM 划分的浮游植物群落类型的丰富度指数 D、
香农-威纳多样性指数 H、均匀度指数 J

9.2.4 浮游植物群落的环境特征分析

根据 Kruskal-Wallis 方差分析显示，群落间水深 WD（$X^2 = 28.55$，$P = 0.000$）、水温 T（$X^2 = 27.41$，$P = 0.000$）、pH（$X^2 = 27.84$，$P = 0.000$）、总磷 TP（$X^2 = 18.48$，$P = 0.010$）具有极显著性差异，透明度 SD（$X^2 = 12.99$，$P = 0.072$）、总氮 TN（$X^2 = 8.91$，$P = 0.259$）、电导率 EC（$X^2 = 7.59$，$P = 0.370$）不具有显著性差异（$P > 0.05$），见表 9-2。图 9-6 显示，群落 I 和群落 II 的总磷浓度明显偏低，而水温、水深明显偏高。群落 III 和群落 IV 的温度和水深明显偏低，而总磷和总氮浓度相对较高。群落 V 的总氮、总磷浓度相对偏低。群落 VI 和群落 VIII 的总氮、总磷浓度偏高。

表 9-2 浮游植物群落间环境因子的 Kruskal-Wallis 分析

数据	SD	WD	T	pH	EC	TN	TP
X^2	12. 99	28. 55	27. 41	27. 84	7. 59	8. 91	18. 48
df	7	7	7	7	7	7	7
P	0. 072	0. 000	0. 000	0. 000	0. 370	0. 259	0. 010

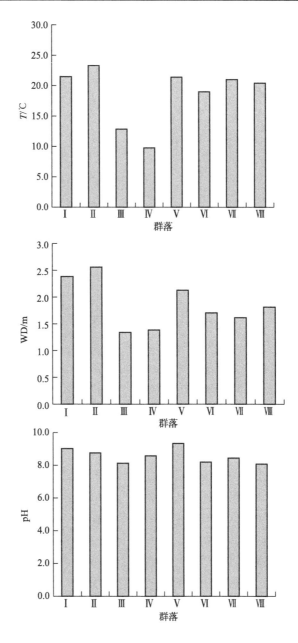

内蒙古典型湖泊浮游植物群落特征及生态效应研究

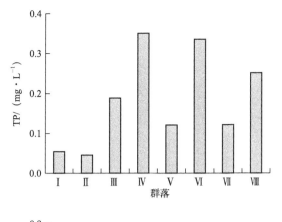

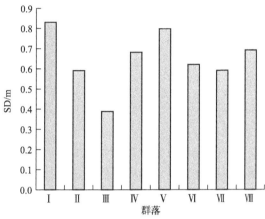

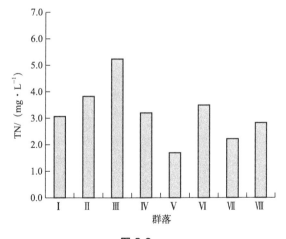

图 9-6

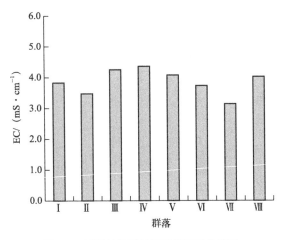

图 9-6 浮游植物群落间环境因子的差异

9.3 讨论

　　神经网络是研究复杂生态学数据中较新的方法，与其他数量分类方法相比，神经网络在处理复杂系统问题上显示出较强的优势。它能将输入的任意维离散或是连续的数据映射到一维或是二维的输出空间中，并在数据压缩的过程中保持拓扑结构不变。对于处理大量不精确的、模糊的复杂信息具有较强的非线性求解能力，理论上讲能够更好地反映自然现象和规律。植物生态系统是一个复杂系统，群落组成的种类多，结构复杂，数据信息庞大，SOM 恰好能将这些复杂繁多的信息分布于整个网络上，根据计算权重将这些信息的特征抽取出来，并映射到直观的、易于发现规律的一维或是二维输出层上，因此 SOM 在植物生态系统研究方面具有优越性。本研究也尝试利用 SOM 对乌梁素海浮游植物群落进行分类，从不同角度分析群落结构的组成以及与其生境的响应关系。

　　浮游植物群落结构与其环境因子有着密切的关系。文中群落Ⅲ（硅藻型）是以小环藻占绝对优势，群落Ⅳ（硅藻-绿藻型）是以小环藻占优势，两群落结构具有相似性，其环境的表征也较为相似，为低温、浅水、高盐度的环境特征。根据功能类群对环境的指示作用分析，小环藻（功能群 C）主要是分布在较浅、浑浊及富营养化的水域中，且能耐受弱光环境，容易在较低温度及低光照的条件下形成优势。乌梁素海浮游植物功能群的研究也表明，小环藻（功能群 C）是在全年占优，且在温度较低环境中的比例最大，同时小环藻（功能群 C）的分布与其水域的透明度有较大关系。这与本研究的结果较为一致。由此可知，群落Ⅲ（硅藻型）和群落Ⅳ

（硅藻-绿藻型）的优势种小环藻、舟形藻、衣藻适应低温、浅水及高营养盐的水域环境。群落Ⅵ（绿藻-硅藻型）和群落Ⅷ（绿藻-硅藻-蓝藻型）是以绿藻相对占优的群落，根据功能群的研究，栅藻、空星藻（功能群为J）适合在高营养、混合、浅水，高光照的水域中生存；绿球藻（功能群MP）适应在经常性扰动、浑浊、浅水的水域中。乌梁素海每年5~6月为春浇时期，此时会有大量含有氮磷的农田退水排入乌梁素海，致使水体中营养盐及有机物质含量升高，同时水体受到退水的频繁扰动，加之该时期水温升高（20 ℃左右），适宜绿藻及硅藻的生长繁殖，因此形成了群落Ⅵ（绿藻-硅藻型）和群落Ⅷ（绿藻-硅藻-蓝藻型）。环境因子也显示，群落Ⅵ和群落Ⅷ的优势种栅藻、绿球藻、针杆藻适应总氮、总磷浓度均较高的富营养水域中。随乌梁素海丰水期7~8月的到来，水体温度升高（25 ℃左右），喜温且对高温耐受性强的蓝绿藻开始大量繁殖，但由于乌梁素海水生植物较为密集，与浮游植物竞争资源（光照、营养等），加之降雨量增多对水体中营养物质的稀释作用等，该时期浮游植物密度整体呈下降趋势，但群落结构的组成较为明显为群落Ⅰ（蓝藻-绿藻-硅藻型）和群落Ⅱ（蓝藻型）。乌梁素海功能群的研究也显示，平裂藻、色球藻（功能群 L_0）是适应在高温、深水、低营养盐的水域中。而本研究群落Ⅰ和群落Ⅱ环境因子显示，总氮浓度相对较高，而总磷浓度偏低。夏末以后，气温开始降低，群落类型为群落Ⅴ（硅藻-蓝藻型）和群落Ⅶ（绿藻-硅藻型）。

研究发现，浮游植物群落类型可能与氮磷比有一定的关系。群落Ⅲ（硅藻型）和群落Ⅳ（硅藻-绿藻型）是以硅藻占优势，氮磷比为30∶1、25∶1。群落Ⅰ（蓝藻-绿藻-硅藻型）和群落Ⅱ（蓝藻型）是以蓝藻占优，氮磷比为75∶1、100∶1。群落Ⅴ（硅藻-蓝藻型）、群落Ⅵ（绿藻-硅藻型）、群落Ⅶ（绿藻-硅藻型）、群落Ⅷ（绿藻-硅藻-蓝藻型），氮磷比为18∶1、12∶1、18∶1、11∶6。可以看出低氮磷比可促进绿藻和硅藻生长，而较高的氮磷比可能更有利于蓝藻的形成。也有研究表明，较低的氮磷比可促进蓝藻和部分绿藻的生长，从而使浮游植物的丰度升高，同时蓝藻和部分绿藻的丰度在氮磷比更接近 Redfield 比例时更高。而本研究当氮磷比接近 Redfield 比例时更有利于绿藻和硅藻的形成。较高的水温能促进浮游植物的生长并使蓝藻形成优势，对浮游植物群落的演替起到了关键的作用。因此，对于氮磷浓度较高的乌梁素海，浮游植物的生长可能不受氮磷营养盐的限制，而主要是受水温的影响，同时氮磷比可能是乌梁素海浮游植物群落结构变化的又一重要环境因子。

9.4　结论

（1）本研究运用神经网络 SOM，并结合完全连接法，将乌梁素海浮游植物群落划分 8 个群落类型，分别为群落Ⅰ（蓝藻-绿藻-硅藻型）、群落Ⅱ（蓝藻型）、群落Ⅲ（硅藻型）、群落Ⅳ（硅藻-绿藻型）、群落Ⅴ（硅藻-蓝藻型）、群落Ⅵ（绿藻-硅藻型）、群落Ⅶ（绿藻-硅藻型）、群落Ⅷ（绿藻-硅藻-蓝藻型），分类结果显示，各群落结构的物种组成特征明显，优势种分布具有明显的规律性。

（2）通过对群落类型与其环境因子的分析，并结合浮游植物功能群及其生境的研究，本研究发现优势种小环藻、舟形藻、衣藻适应低温、浅水及高营养盐的水域环境；栅藻、绿球藻、针杆藻适应总氮、总磷浓度均较高的水域环境；而平裂藻、色球藻适应高温、深水、总磷浓度较低的水域环境。

（3）群落与其环境因子的分析表明，温度是乌梁素海浮游植物群落结构组成的决定因子，而氮磷比可能是影响群落组成的又一重要环境因子。

第 **10** 章

基于 Landsat8 OLI 遥感数据
反演乌梁素海浮游植物生物量

10.1 材料与方法

10.1.1 采样点布置

使用 GPS 设置固定采样点位置（采样点位置见第 4 章）。

10.1.2 样品采集与处理

于 2016～2018 年春季（4 月、5 月）、夏季（6 月、7 月、8 月）、秋季（9 月、10 月）在乌梁素海进行采样。在每个采样点水下 0.5 m 处采取 1 L 的叶绿素水样，装入聚乙烯瓶中，每升叶绿素水样现场加入 2～4 mL 的 1% $MgCO_3$ 溶液，然后将聚乙烯瓶进行密封保存，运回实验室进行分析，叶绿素 a 质量浓度的测定使用分光光度计法。

10.1.3 遥感数据获取与处理

从中国科学院遥感与数字地球研究所的对地观测数据共享（ids. ceode. ac. cn）网上免费下载与采样时间（2016～2018 年春季、夏季、秋季）相近的 Landsat8 OLI 遥感影像，云量覆盖率均小于 10%，利用 ENVI 5.5 遥感软件对遥感影像进行预处理，包括辐射定标、大气校正、裁剪等步骤。

10.1.4 乌梁素海遥感反射率的变化特征

遥感反射率是湖泊水色的综合反映，是水体光学活性物质吸收和散射互相作用的结果，包含了湖泊中叶绿素、总悬浮物、有色可溶性有机物浓度等光学活性物质的信息。由于夏季乌梁素海浮游植物生长迅速，水体光谱反射较强，因此选择 2017 年 7 月份的水体光谱反射曲线。由图 10-1 可以看出，乌梁素海光谱特性基本上符合二类水体的光谱特征，波谱之间的反射率差异明显，蓝光波段（450～515 nm）处形成 1 个吸收谷，这是由于藻类色素对于蓝光的强吸收造成的，在绿光波段（525～600 nm）处形成 1 个反射峰，绿波段的反射峰主要是由于叶绿素 a 和胡萝卜素吸收较弱加上细胞的散射作用而导致的，部分样点的红光波段（630～680 nm）也形成一个吸收谷，藻类浓度较高时，水体反射率曲线在这个波段处会形成谷值，部分样点的近红外波段处（845～885 nm）形成一个反射峰，近红外波段的强反射则源于光线在蓝藻细胞内部的多次散射。

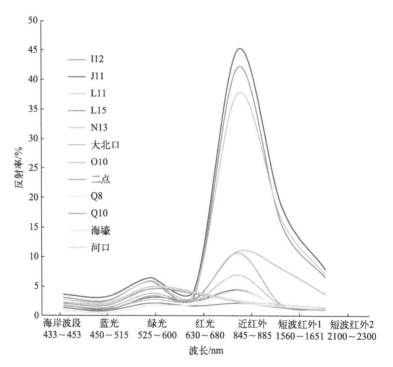

图 10-1 乌梁素海 2017 年 7 月各采样点遥感反射率

10.1.5 模型构建方法

10.1.5.1 spss 主成分分析方法

第 1 步，设有 n 个样本，每个样本选取乌梁素海 Landsat8 OLI 遥感影像前 7 个波段的遥感反射率作为不同变量，分别为 Coastal（海岸波段）、Blue（蓝光）、Green（绿光）、Red（红光）、NIR（近红外）、SWIR 1（短波红外 1）、SWIR 2

（短波红外 2），记为 R_{ij}（$i=1$，2，3，……，n；$j=1$，2，3，……，7）。

第 2 步，对变量 R_{ij} 进行标准化处理。

第 3 步，KMO（Kaiser-Meyer-Olkin）检验和 Bartlett 球形度用于定量的检验变量之间是否具有相关性。KMO 检验大于 0.6，即样本符合数据结构合理的要求，Bartlett's 检验的 P 值小于 0.05，可以进行主成分提取。

第 4 步，提取主成分个数（主成分的特征值大于 1，陡坡图检验—陡坡趋于平缓的位置判断提取主成分的数量）。

第 5 步，各个主成分与叶绿素 a 质量浓度之间进行 Pearson 相关分析，确定影响乌梁素海遥感反射率的主要主成分。

10.1.5.2　波段比值方法

采用不同波段反射率比值可以在一定程度上消除水体表层光滑度和微波随时空变化所产生的影响，同时也可以减小其他水体污染物的干扰。通过对乌梁素海遥感影像各波段的反射率分析，首先选择近红外波段、红光波段进行比值处理，再将比值与实测叶绿素 a 质量浓度之间进行 Pearson 相关分析，选取相关系数最大者进行回归分析，建立叶绿素 a 质量浓度反演模型。比值模型如下：

$$R = R_{NIR}/R_{Red} \tag{10-1}$$

式中，R_{Red} 代表红光波段反射率，R_{NIR} 代表近红外波段反射率。在 Landsat8 OLI 遥感影像中分别对应于 4、5 波段。

10.1.5.3　波段差值方法

根据乌梁素海遥感影像上红波段、近红外波段的波谱差异，首先选择近红外波段、红光波段进行差值处理，再将差值与叶绿素 a 质量浓度做 Pearson 相关性分析，进行回归分析，进行叶绿素 a 质量浓度反演。差值模型如下：

$$R = R_{NIR} - R_{Red} \tag{10-2}$$

式中，R_{Red} 代表红光波段反射率，R_{NIR} 代表近红外波段反射率。在 Landsat8 OLI 遥感影像中分别对应于 4、5 波段。

10.2　结果与分析

10.2.1　反演模型构建

10.2.1.1　春季浮游植物生物量反演

选取 2016 年 4 月、5 月，2017 年 4 月、5 月，2018 年 4 月、5 月共 6 幅乌梁

素海 Landsat8 OLI 遥感影像，云量覆盖率均小于 10%，对遥感影像进行辐射定标、大气校正等预处理，提取各采样点的遥感反射率，对采样点的波段进行组合，共 72 组数据，抽取其中 60 组数据构建主成分、比值和差值模型。

通过主成分分析，确定 KMO 检验系数为 0.805，大于 0.6，即样本符合数据结构合理的要求，Bartlett's 检验的 P 值小于 0.001，可以进行主成分提取，提取了 1 个主成分，主成分的贡献率为 87.31%。将主成分、比值和差值模型分别与同期实测的叶绿素 a 质量浓度进行相关性分析。比值模型中 b_5（近红外）/b_4（红光）与叶绿素 a 质量浓度的相关系数为 0.641，相关性极显著（$P<$ 0.01）；差值模型中 b_5-b_4 与叶绿素 a 质量浓度的相关系数为 0.605，相关性极显著（$P<0.01$）；主成分与叶绿素 a 质量浓度的相关系数为 0.123，两者无相关性。

因此分别将 b_5/b_4、b_5-b_4 作为自变量对因变量叶绿素 a 质量浓度进行反演，运用 origin 软件分别选用线性、二次多项式、指数函数进行回归分析拟合，结果见表 10-1。由表 10-1 可知，在比值模型中，二次多项式 $y=0.343x^2-0.66x+$ 10.56 的拟合效果最好，决定系数 R^2 为 0.511，F 检验值为 24.143，在差值模型中，指数拟合效果最好，决定系数 R^2 为 0.467，F 检验值为 15.841。

表 10-1　春季乌梁素海浮游植物生物量反演模型

因子		模型方程	R^2	F
比值模型（b_5/b_4）	二次多项式	$y=0.343x^2-0.66x+10.56$	0.511	24.143
	指数	$y=6.608e^{0.167x}$	0.176	12.199
	线性	$y=2.92x+7.649$	0.410	39.657
差值模型（b_5-b_4）	二次多项式	$y=(3.26\times10^{-6})x^2+0.013x+11.409$	0.366	16.177
	指数	$y=11.915e^{0.001x}$	0.467	15.841
	线性	$y=0.02x+9.294$	0.217	32.928

10.2.1.2　夏季浮游植物生物量反演模型

选取 2017 年 6 月、7 月、8 月共 3 幅乌梁素海 Landsat 8 OLI 遥感影像，云量覆盖率均小于 10%，对遥感影像进行辐射定标、大气校正等预处理，提取各采样点的遥感反射率，进行波段组合，共 36 组数据，抽取其中 24 组数据构建主成分分析、比值模型、差值模型。

对乌梁素海遥感反射率运用 spss 进行主成分分析，KMO 检验系数 0.757，大于 0.6，即样本符合数据结构合理的要求，Bartlett's 检验的 P 值小于 0.001，可以进行主成分提取，提取了 2 个主成分，第一主成分的贡献率为 80.764%，第二主成分的贡献率为 15.605%，这 2 个主成分的贡献率累计达到 96% 左右。

将第一主成分、第二主成分、比值模型、差值模型分别与叶绿素 a 质量浓度进行相关性分析，第二主成分与叶绿素 a 质量浓度相关系数为 0.859，相关性较高，因此第二主成分可以较好地反映叶绿素 a 质量浓度的信息；比值模型中 b_5（近红外）/b_4（红光）与叶绿素 a 质量浓度的相关性极显著；差值模型中 $b_5 - b_4$ 与叶绿素 a 质量浓度的相关性极显著。

因此分别将第二主成分、b_5/b_4、$b_5 - b_4$ 作为自变量对因变量叶绿素 a 质量浓度进行反演，运用 origin 软件分别选用线性、二次多项式、指数函数进行回归分析拟合，结果见表 10-2。由表 10-2 可知，比值模型中，二次多项式 $y = 0.026x^2 + 2.374x + 8.206$ 的拟合效果最好，决定系数 R^2 为 0.816，F 检验值为 46.482，其次是线性函数，R^2 和 F 检验值分别是 0.815、96.637；主成分模型中，拟合效果最好的函数也是二次多项式，决定系数 R^2 是 0.738，F 检验值是 29.612。

表 10-2 夏季乌梁素海浮游植物生物量反演模型

因子		模型方程	R^2	F
比值模型（b_5/b_4）	二次多项式	$y = 0.026x^2 + 2.374x + 8.206$	0.816	46.482
	指数	$y = 8.341e^{0.134x}$	0.655	41.820
	线性	$y = 2.72x + 7.75$	0.815	96.637
差值模型（$b_5 - b_4$）	二次多项式	$y = (6.432 \times 10^{-7})x^2 + 0.006x + 11.284$	0.775	74.231
	指数	$y = 9.884e^{0.001x}$	0.605	33.695
	线性	$y = 0.008x + 11.003$	0.771	36.158
主成分	二次多项式	$y = -0.494x^2 + 12.340x + 19.938$	0.738	29.612
	指数	$y = 14.927e^{0.645x}$	0.705	52.582
	线性	$y = 11.981x + 19.464$	0.737	61.675

10.2.1.3 秋季浮游植物生物量反演模型

选取 2016 年 9 月、10 月，2017 年 9 月，2018 年 9 月、10 月共 5 幅乌梁素海 Landsat8 OLI 遥感影像，云量覆盖率均小于 10%，对遥感影像进行辐射定标、大气校正等预处理，提取各采样点的遥感反射率，进行波段组合，共 60 组数据，抽取其中 50 组数据构建比值模型和波段 $(b_5 - b_4)/b_3$ 模型。

主成分与叶绿素 a 质量浓度没有相关性，比值模型中 b_5（近红外）/b_4（红光）与叶绿素 a 质量浓度的相关系数小于 $(b_5 - b_4)/b_3$（b_3 为绿光波段）模型。因此选择 $(b_5 - b_4)/b_3$ 作为自变量对因变量叶绿素 a 质量浓度进行反演，运用 origin 软件分别选用线性、二次多项式、指数函数进行回归分析拟合，结果见表 10-3。由表 10-3 可知，在模型中，二次多项式 $y = -0.025x^2 + 2.616x + 8.629$ 的拟合效果最好，决定系数 R^2 为 0.602，F 检验值为 34.859，其次是线性函数，R^2 和 F 检验值分别是 0.591、67.856。

表 10-3 秋季乌梁素海浮游植物生物量反演模型

因子		模型方程	R^2	F
模型 $(b_5 - b_4)/b_3$	二次多项式	$y = -0.025x^2 + 2.616x + 8.629$	0.602	34.859
	指数	$y = 6.972e^{0.114x}$	0.362	26.714
	线性	$y = 2.051x + 5.769$	0.591	67.856

10.2.2 精度检验及误差分析

10.2.2.1 春季浮游植物生物量反演模型检验

选择基于 b_5/b_4 为自变量的二次多项回归模型 $y = 0.343x^2 - 0.66x + 10.56$ 作为验证模型，由于春季预处理后的三幅遥感影像中剩余 12 组数据未参与模型的构建，具有独立性，因此使用剩余的 12 组数据对模型进行反演精度检验，绘制实测值与预测值散点图。散点图如图 10-2 所示。乌梁素海春季实测值与预测值之间的 RMSE 是 6.88 mg/m³，最小相对误差 12%，最大相对误差 51%，说明该模型反演效果相对较差。

10.2.2.2 夏季浮游植物生物量反演模型检验

选择基于 b_5/b_4 为自变量的二次多项回归模型 $y = 0.026x^2 + 2.374x + 8.206$ 作为验证模型，由于夏季预处理后的三幅遥感影像中剩余 12 组数据未参与模型的构建，具有独立性，因此使用剩余的 12 组数据对模型进行反演精度检验，绘制实测值与预测值散点图，散点图如图 10-3 所示。乌梁素海夏季实测值与预测值之间的 RMSE 是 3.67 mg/m³，最小相对误差 2.55%，最大相对误差 50.86%，平均相对误差 22.38%，说明该模型反演效果相对较好，具有一定的实用性。

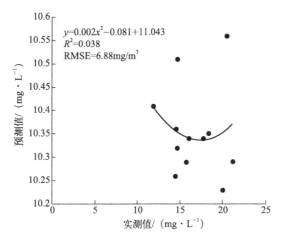

图 10-2　春季实测值与预测值散点图

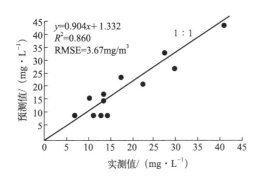

图 10-3　夏季实测值与预测值散点图

10.2.2.3　秋季浮游植物生物量反演模型检验

选择基于（$b_5 - b_4$）/b_3 为自变量的二次多项回归模型 $y = -0.025x^2 + 2.616x + 8.629$ 作为验证模型，由于秋季预处理后的 3 幅遥感影像中剩余 10 组数据未参与模型的构建，具有独立性，因此使用剩余的 10 组数据对模型进行反演精度检验，绘制实测值与预测值散点图，散点图如图 10-4 所示，乌梁素海秋季实测值与预测值之间的 RMSE 是 4.63 mg/m³，最小相对误差 19%，最大相对误差 42%，说明该模型反演一般。

10.3　讨论

由于冬季气温低，浮游植物生物量较少，提取的遥感反射率不明显，所以本

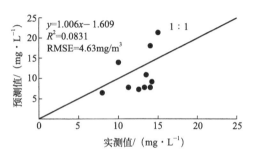

图 10-4 秋季实测值与预测值散点图

研究只选择了 3 季的数据用以建立春、夏、秋季节的浮游植物生物量反演模型。本文所构建的乌梁素海秋季浮游植物生物量反演模型和马驰所构建的松嫩平原水体秋季叶绿素 a 反演模型都是由近红外（b_5）、红光（b_4）、绿光（b_3）波段反射率值经数学变换组合而成，二者都符合叶绿素 a 的光学特性，即叶绿素 a 一般在近红外波段和绿光波段形成反射峰，在红光波段形成吸收谷，因此三波段反射率值经数学变换组合，可以增强对水体叶绿素 a 变化的敏感度。与春秋二季浮游植物生物量反演模型精度相比，夏季浮游植物生物量反演模型精度最高，如表 10-2 比值多项式模型所示，决定系数 R^2 为 0.816，再如图 10-3 所示，夏季实测值与预测值的均方根方差 RMSE 为 3.67 mg/m³。唐爽等构建的艾比湖夏季浮游植物生物量反演模型精度也较高，其决定系数 R^2 为 0.832，二者研究结果相似的原因可为夏季气温高，浮游植物快速繁殖，传感器对叶绿素 a 的监测能力强。

相比其他研究仅仅采用单一季节数据进行反演，本研究构建春、夏、秋 3 季的浮游植物生物量反演模型，具有一定的普适性，这对乌梁素海水质改善提供了一定的理论依据，同时 Landsat8 OLI 遥感影像的应用，能体现湖区的真实地理环境，反演结果可以细化到湖区每一点，反映出湖区浮游植物生物量的分布，极大地提高水质监测效率。但是乌梁素海春、秋季反演模型中实测值与预测值的误差较大，影响反演模型的精度的主要原因可分为：①试验数据采集缺乏同步性，乌梁素海野外实测数据与 Landsat8 OLI 遥感影像过境时间不同步；②空间分辨率不高，Landsat8 OLI 空间分辨率为 30m，较高的空间分辨率可以更加精细监测水质变化；③采样点数量较少，由于采样的主客观条件限制，乌梁素海采样点数量较少。今后对乌梁素海浮游植物生物量反演进一步研究时，应选择多种遥感卫星数据构建反演模型，对源于不同遥感数据源的反演模型给予精度验证，以此提高反演模型精度，为乌梁素海水质监测提供更加精确的理论。

10.4 结论

（1）乌梁素海夏季浮游植物生物量反演模型 $y=0.026x^2+2.374x+8.206$ 反演精度较高，R^2 和 RMSE 分别为 0.816 和 3.67mg/m³。

（2）为了缩小误差，提高精度，使用光谱仪采集水体光谱数据（采集水样与采集光谱数据务必同步），细胞体积转化法计算浮游植物生物量浓度，利用高光谱遥感影像数据（空间分辨率较高）监测水质。

第**11**章

乌梁素海生态模拟及控制研究

○

11.1　材料与方法

11.1.1　研究方法

AQUATOX 是由美国环境保护局（EPA）开发的一个水生态系统模型，主要用来预测多种污染物包括营养盐、有机物等在水体中的转化及其对生态系统的影响。模型主要通过模拟研究对象的物理过程、生物过程（食物网）、矿化过程（碎屑模拟和营养盐模拟等）、无机沉淀过程以及有机有毒化学物迁移过程来实现对整个研究区域生态过程的模拟，模型基本原理如图 11-1 所示。

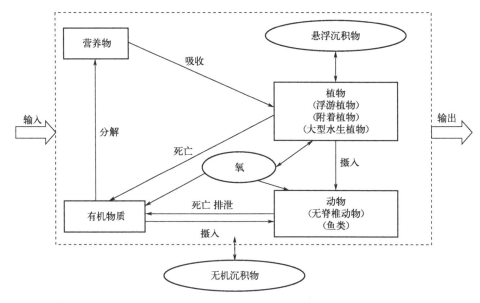

图 11-1　AQUATOX 模型基本原理

11.1.1.1 生物过程模拟

生物模拟包括水生动物和水生植物的循环过程模拟。水生动物包括水中的多种浮游动物、底栖动物、水生昆虫、鱼类等；水生植物包括浮游藻类、固着藻类、大型植物和苔藓类等。以藻类为例，其模拟方程式可表述为：

$$\frac{\mathrm{d}_{C_{\text{Phyto}}}}{\mathrm{d}t} = R_{\text{L}} + R_{\text{Pho}} - R_{\text{Res}} - R_{\text{Exc}} - R_{\text{Mor}} - R_{\text{Pre}} \pm R_{\text{Sin}} - $$

$$R_{\text{Wout}} + R_{\text{Win}} \pm D_{\text{Turb}} + D_{\text{Seg}} + \frac{R_{\text{Slo}}}{3} \tag{11-1}$$

式中，$\mathrm{d}_{C_{\text{Phyto}}}/\mathrm{d}t$ 为藻类随时间的生物量变化率 $[g \cdot (m^3 \cdot d)^{-1}$ 或 $g \cdot (m^2 \cdot d)^{-1}]$；$R_{\text{L}}$ 为藻类种群的负荷率 $[g \cdot (m^3 \cdot d)^{-1}$ 或 $g \cdot (m^2 \cdot d)^{-1}]$；$R_{\text{Pho}}$ 为光合作用造成的生物量增长率 $[g \cdot (m^3 \cdot d)^{-1}$ 或 $g \cdot (m^2 \cdot d)^{-1}]$；$R_{\text{Res}}$ 为呼吸造成的生物量损失率 $[g \cdot (m^3 \cdot d)^{-1}$ 或 $g \cdot (m^2 \cdot d)^{-1}]$；$R_{\text{Exc}}$ 为排泄或光呼吸造成的生物量损失率 $[g \cdot (m^3 \cdot d)^{-1}$ 或 $g \cdot (m^2 \cdot d)^{-1}]$；$R_{\text{Mor}}$ 为非掠食性死亡造成的生物量损失率 $[g \cdot (m^3 \cdot d)^{-1}$ 或 $g \cdot (m^2 \cdot d)^{-1}]$；$R_{\text{Pre}}$ 为捕食性死亡造成的生物量损失率 $[g \cdot (m^3 \cdot d)^{-1}$ 或 $g \cdot (m^2 \cdot d)^{-1}]$；$R_{\text{Sin}}$ 为由于层间沉没或沉至底部造成的生物量损失率或增加率 $[g \cdot (m^3 \cdot d)^{-1}]$；$R_{\text{Wout}}$ 为运移到下游造成的生物量损失率 $[g \cdot (m^3 \cdot d)^{-1}]$；$R_{\text{Win}}$ 为由上游获得的藻类增加率；D_{Turb} 为紊流扩散造成的生物量损失率 $[g \cdot (m^3 \cdot d)^{-1}]$；$D_{\text{Seg}}$ 为扩散传播造成的生物量损失或增长率 $[g \cdot (m^3 \cdot d)^{-1}]$；$R_{\text{Slo}}$ 为脱落造成的生物量损失率 $[g \cdot (m^2 \cdot d)^{-1}]$。

11.1.1.2 营养盐过程模拟

营养盐模拟包括碎屑、氮、磷、氧、碳的循环过程模拟。以氨氮为例，其模拟方程式可以表述为：

$$\frac{\mathrm{d}_{C_{\text{Ammonia}}}}{\mathrm{d}t} = R'_{\text{L}} + R'_{\text{Res}} - R'_{\text{Nit}} - R'_{\text{Ass}} - R'_{\text{Wout}} + R'_{\text{Win}} \pm D'_{\text{Turb}} \pm D'_{\text{Seg}} \tag{11-2}$$

式中，$\mathrm{d}_{C_{\text{Ammonia}}}/\mathrm{d}t$ 为氨氮随时间的浓度变化率 $[g \cdot (m^3 \cdot d)^{-1}$ 或 $g \cdot (m^2 \cdot d)^{-1}]$；$R'_{\text{L}}$ 为氨氮负荷率 $[g \cdot (m^3 \cdot d)^{-1}$ 或 $g \cdot (m^2 \cdot d)^{-1}]$；$R'_{\text{Res}}$ 为呼吸造成的浓度损失率 $[g \cdot (m^3 \cdot d)^{-1}$ 或 $g \cdot (m^2 \cdot d)^{-1}]$；$R'_{\text{Nit}}$ 为硝化作用引起的浓度增长率 $[g \cdot (m^3 \cdot d)^{-1}]$；$R'_{\text{Ass}}$ 为植物吸收造成的浓度损失率 $[g \cdot (m^3 \cdot d)^{-1}]$；$R'_{\text{Wout}}$ 为运移到下游造成的浓度损失率 $[g \cdot (m^3 \cdot d)^{-1}]$；$R'_{\text{Win}}$ 为上游获得的浓度增长率 $[g \cdot (m^3 \cdot d)^{-1}]$；$D'_{\text{Turb}}$ 为紊流扩散造成损失率 $[g \cdot (m^3 \cdot d)^{-1}]$；$D'_{\text{Seg}}$ 为扩散传播造成的浓度损失或增长率 $[g \cdot (m^3 \cdot d)^{-1}]$。

11.1.2 模型建立

11.1.2.1 模拟区域的确定

本研究将乌梁素海作为一个整体湖盆进行模拟。主要考虑的是乌梁素海湖泊多数为浅水域，同时水体中生长着大量密集的水生植物，这些水生植物将乌梁素海划分为多个大小不一的开阔水域，如将这些分割的开阔区域分区处理，无疑会使模型的边界条件变得极为复杂。根据乌梁素海排干系统组成，将总排干、八排干及九排干的汇入水量合计作为入湖总污染负荷的边界条件。

11.1.2.2 湖泊的特征数据

输入模型中的湖泊面积为 2.93×10^8 m^2，容积为 3.4×10^8 m^3，湖泊最大长度为 40 km，平均水深为 1.16 m，最大水深为 4 m，平均水温为 11 ℃，年平均蒸发量 1505 mm。

11.1.2.3 模型状态变量和驱动变量

模型中选用的状态变量和驱动变量共有 21 个。气象数据（最高气温、最低气温、平均温度、相对湿度、降雨量、蒸发量、太阳辐射量、大气压强、日照小时数、光强以及风速等）来自内蒙古农业大学水环境研究团队自建的自动气象站监测的同步数据（乌梁素海红圪卜总排附近）；水质指标（总氮、氨氮、硝酸氮、总磷、pH）以及生物数据（藻类）等采用同步月实测数据，大型水生植物及水生动物数据参考相关文献资料；水位、水量等水文资料来自乌梁素海总排干附近沙盖补隆水文监测站的同步数据。

11.1.2.4 模型参数的率定

在率定过程中，首先以原有模型中的标准湖泊参数为基础，再依据相关文献提供的参数值、参数范围以及相关的监测值和实验值确定初始值，然后通过模型反复试算来确定参数的取值。模型率定的主要矿化参数：消光系数为 0.008 m^{-1}、不稳定碎屑最大分解速率为 0.23 g・$(g \cdot d)^{-1}$、稳定碎屑最大分解速率为 0.01 g・$(g \cdot d)^{-1}$、矿化碎屑最大分解速率为 17 g・$(g \cdot d)^{-1}$，碎屑沉降速率为 0.69 m/d，碎屑降解最小 pH 为 5，最大 pH 为 8.5。三种藻类主要生长演替的影响参数见表 11-1。

表 11-1 乌梁素海藻类主要生长演替的影响参数

参数	蓝藻	绿藻	硅藻
饱和光强/(Ly/d)	55	60	60
光合速率/(L/d)	3.6	1.5	1.7
P 半饱和参数/(mg/L)	0.03	0.05	0.017
N 半饱和参数/(mg/L)	0.055	0.05	0.05
最佳温度/℃	30	22	15
沉积速率/(m/d)	0.01	0.01	0.006

11.2 结果与分析

11.2.1 模型验证

模型参数率定后，利用 2011 年 6 月份—2013 年 8 月份水质月实测数据及同步藻类月实测数据对模型模拟结果进行验证。以全湖月平均 pH、总氮、氨氮、硝酸氮、总磷以及蓝藻、绿藻、硅藻生物量作为主要验证对象与实测值进行比对。全湖共布设 10 个采样点，月实测数据为每月 10 个样品的平均值。

11.2.1.1 水质模拟与验证

水质指标（pH、总氮、氨氮、硝酸氮、总磷）模拟结果与实测值的对比如图 11-2 所示，用平均绝对误差和平均相对误差对验证结果进行误差分析，结果见表 11-2。从误差分析结果来看，pH 模拟结果最好，平均相对误差 0.52%，基

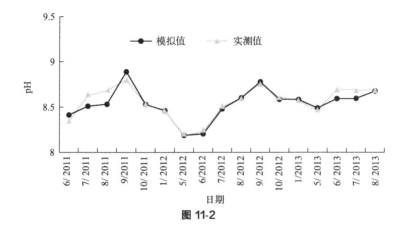

图 11-2

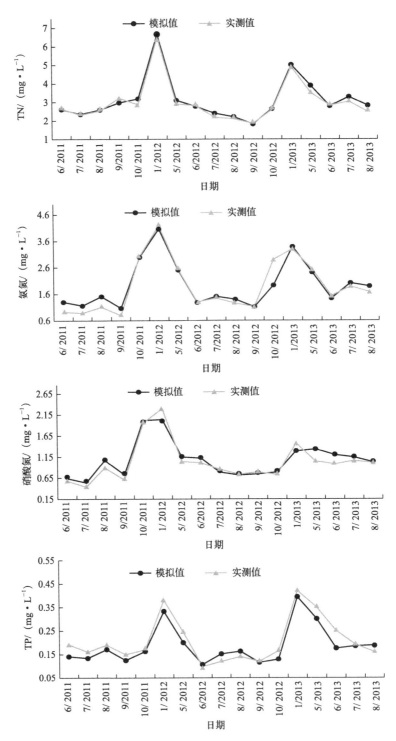

图 11-2 水质指标模拟值与实测值对比

内蒙古典型湖泊浮游植物群落特征及生态效应研究

本接近真实值，均值 8.56；总氮模拟结果也比较好，平均相对误差 5.26%，均值为 3.01 mg/L，最高浓度达 6.5 mg/L；氨氮、硝酸氮、总磷模拟结果的平均相对误差均在 15% 以内，均值 1.91 mg/L，1.01 mg/L，0.21 mg/L。水质模拟结果基本能体现乌梁素海水环境年际变化规律。

表 11-2 水质指标模拟值与实测值的误差分析

误差分析	pH	总氮	氨氮	硝酸氮	总磷
平均绝对误差	0.045	0.053mg/L	0.197mg/L	0.133mg/L	0.03mg/L
平均相对误差	0.52%	5.26%	13.57%	14.90%	14.85%

11.2.1.2 藻类模拟与验证

绿藻、蓝藻及硅藻是乌梁素海藻类的主要类群。本研究利用同期实测绿藻、蓝藻及硅藻生物量进行藻类季节演替过程的模拟，其模拟值与实测值的对比结果如图 11-3 所示，误差分析见表 11-3。从误差分析结果来看，模拟结果能较好地反映乌梁素海藻类的季节演替规律。绿藻生物量在模拟期变化范围 0.78～5.73 mg/L，均值 2.09mg/L，均在每年的春季 5 月、6 月较高，8 月、9 月为低谷值，冬季生物量略有增高；蓝藻生物量在模拟期变化范围 0.15～3.02 mg/L，均值 1.36 mg/L，生物量在夏季较高，这也符合蓝藻适应较高温度的生长特征；硅藻生物量在模拟期变化范围 0.51～2.72 mg/L，均值 1.14 mg/L，其生物量的变化规律不太明显。

表 11-3 藻类生物量模拟值与实测值的误差分析

误差分析	蓝藻生物量	绿藻生物量	硅藻生物量
平均绝对误差	0.147mg/L	0.190mg/L	1.140mg/L
平均相对误差	14.44%	11.32%	13.77%

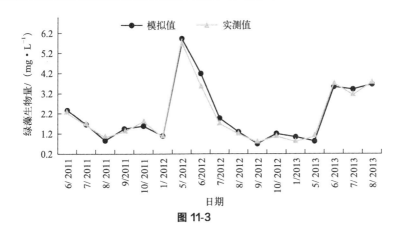

图 11-3

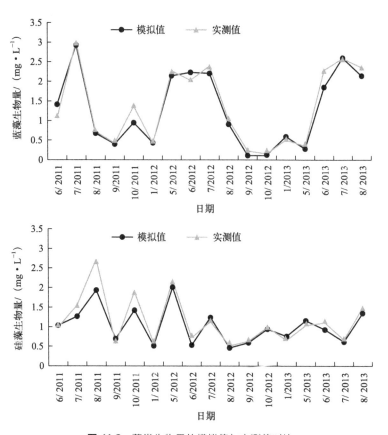

图 11-3 藻类生物量的模拟值与实测值对比

11.2.2 富营养化状态与入湖污染负荷的响应关系

氮、磷是水域生态系统中植物生长的必需营养元素。过量的氮磷进入水体后，会造成藻类的过度繁殖，从而引发水体富营养化。乌梁素海是北方富营养化较为严重的浅水湖泊，由于是河套灌区唯一的泄水渠道，大量的外源污染物质被排入到水体中，致使水体富营养化问题一直未得到有效改善。本研究利用已建生态模型的控制功能，在不改变其他驱动变量（气温、辐射、蒸发、风速等）的条件下，通过消减入湖 N、P 污染负荷，来模拟和预测湖内水质及藻类的响应关系，为控制和治理乌梁素海水体富营养化及抑制藻类暴发等问题提供一定的科学依据。消减控制过程：①仅消减 N 负荷 20％、30％和 50％；②仅消减 P 负荷20％、30％和 50％；③同时消减入湖 N、P 负荷 20％、30％和 50％。

11.2.2.1 控制入湖 N 负荷

随着入湖 N 负荷消减 20%、30% 和 50%，湖内总氮出现明显下降趋势，总氮平均减少幅度 17.02%、25.58%、42.57%；总磷基本保持不变，平均减少幅度仅 0.2%、0.2%、0.09%；湖内绿藻生物量下降，平均下降幅度 1.3%、2.7%、3.86%；蓝藻生物量反而增加，平均增加幅度 3.50%、5.99% 和 8.21%；硅藻生物量基本保持不变，下降幅度 0.40%、0.71%、1.09%。结果表明，入湖 N 负荷的消减可有效降低湖内总氮浓度，同时也可降低绿藻生物量。蓝藻生物量对其消减控制反而出现上升趋势，如图 11-4、图 11-5、图 11-6 所示。

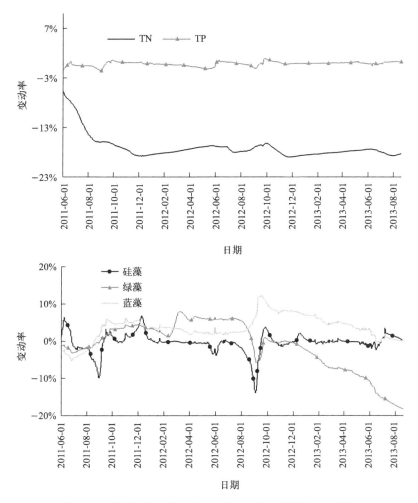

图 11-4 消减 20% 入湖 N 负荷与湖内水质、藻类的响应关系

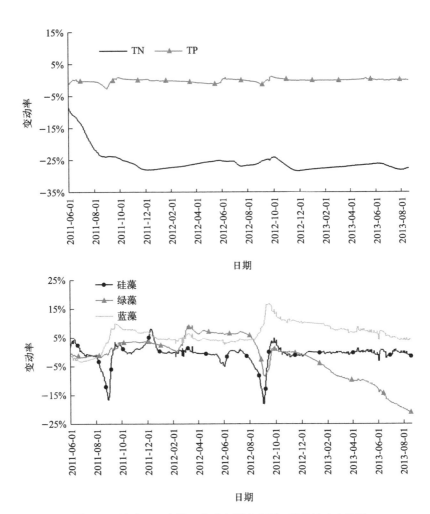

图 11-5 消减 30% 入湖 N 负荷与湖内水质、藻类的响应关系

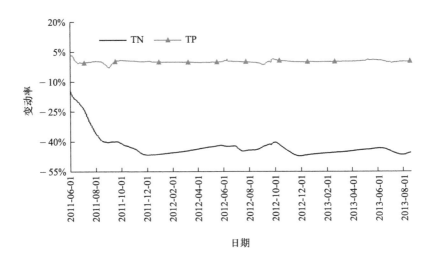

内蒙古典型湖泊浮游植物群落特征及生态效应研究

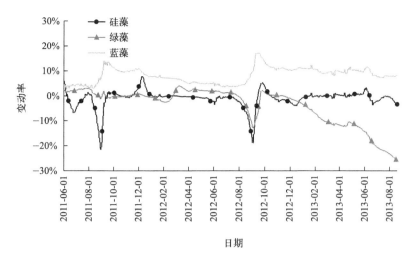

图 11-6 消减 50%入湖 N 负荷与湖内水质、藻类的响应关系

11.2.2.2 控制入湖 P 负荷

随着入湖 P 负荷消减 20%、30%和 50%，湖内总磷明显下降，平均减少幅度 4.70%、6.86%、11.67%；总氮基本不变，平均减少幅度 0.12%、0.04%、0.10%；绿藻及蓝藻生物量也出现明显下降趋势，平均降幅分别为 7.96%、11.28%、18.86%和 10.54%、13.79%、21.77%；硅藻生物量基本保持不变，P 负荷消减 20%、30%，硅藻生物量略增加 0.94%、0.65%，P 负荷消减 50%下降幅度 1.09%。结果表明，对入湖 P 负荷的消减可以有效降低湖内总磷浓度、绿藻及蓝藻生物量，如图 11-7、图 11-8、图 11-9 所示。

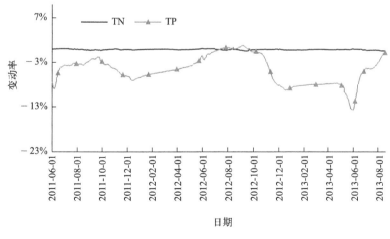

图 11-7

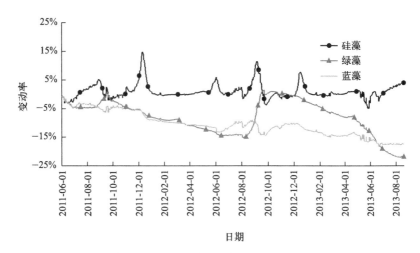

图 11-7 消减 20% 入湖 P 负荷与湖内水质、藻类的响应关系

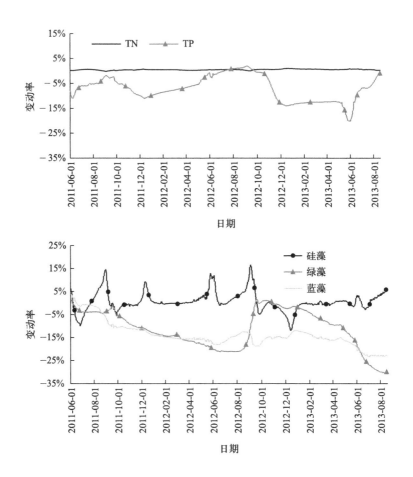

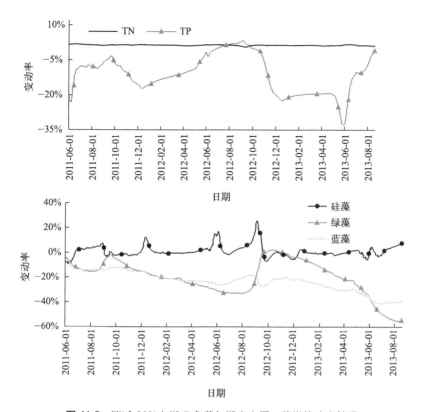

图 11-8 消减 30% 入湖 P 负荷与湖内水质、藻类的响应关系

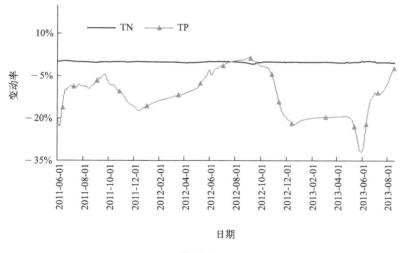

图 11-9

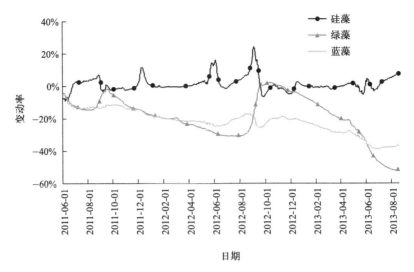

图 11-9 消减 50% 入湖 P 负荷与湖内水质、藻类的响应关系

11.2.2.3 同时控制入湖 N，P 负荷

同时消减入湖 N，P 负荷 20%、30% 和 50%，湖内总氮总磷呈明显下降趋势，其中总氮平均减少幅度 17.06%、25.62%、42.58%；总磷平均减少幅度 4.83%、6.92%、11.56%；绿藻及蓝藻生物量均明显下降，平均降幅分别为 7.77%、12.60%、19.54% 和 6.05%、10.60%、13.12%；硅藻生物量基本保持不变，结果分别显示增幅 0.18%、0.21% 和下降 0.80%。结果表明，入湖 N，P 负荷同时消减可以有效降低湖内氮磷浓度以及绿藻、蓝藻生物量，对硅藻生物量影响不大，如图 11-10、图 11-11、图 11-12 所示。

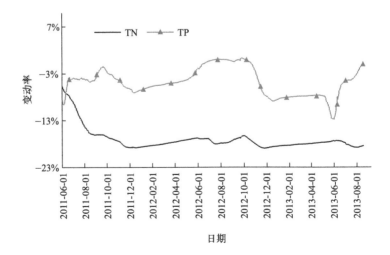

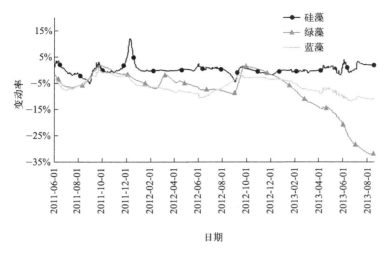

图 11-10 同时消减入湖 N，P 负荷 20%与湖内水质、藻类的响应关系

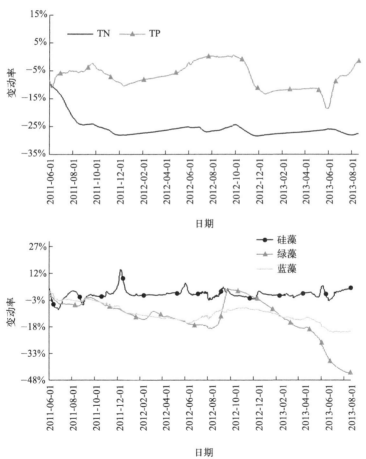

图 11-11 同时消减入湖 N，P 负荷 30%与湖内水质、藻类的响应关系

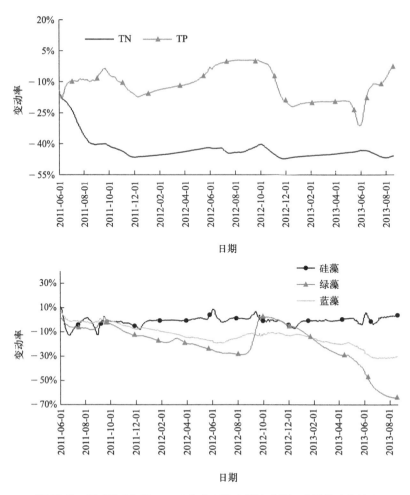

图 11-12　同时消减入湖 N，P 负荷 50%与湖内水质、藻类的响应关系

11.3　讨论

11.3.1　水质模拟与藻类的模拟效果

　　从水质模拟情况看，乌梁素海 AQUATOX 生态模型能较好地模拟湖区水质的变化规律。整个模拟时期 N、P 营养盐春季浓度较高，秋季出现低谷，冬季浓度最高。其原因主要与湖区入湖负荷、降水以及水生植物、藻类的生长周期等因素有关。春季气温回暖，风力较大，水体上下交换频繁，底泥中释放各类营养元素的速率不断提高，加之春季入湖负荷增加，导致该时期水体中各营养盐浓度较

高。进入夏季后，水生植物以及藻类进入繁殖阶段，大量吸收水中的营养盐，同时降水增多也对湖水营养盐起到一定的稀释作用，导致该时期营养盐浓度开始下降。水生植物及藻类最适温度的差异以及对氨氮和硝酸氮等营养盐的选择和吸收程度的差异，是造成夏季、秋季氨氮、硝酸氮出现波动的主要原因。造成冬季营养盐浓度较高的原因除主要与入湖水体的营养物浓度有关外，与水生植物死亡以及乌梁素海长期冰封状态有一定的关系。冰封期冰盖的形成会将冰体中的营养盐排放到水体中，导致冰下水体的营养盐负荷增加，同时冰盖会限制水体与大气的交换过程，导致冰下水体环境长期处于缺氧状态，还原作用加强，致使冬季营养盐浓度明显提高。

从藻类模拟情况看，乌梁素海 AQUATOX 生态模型能够较好地模拟湖区蓝藻、绿藻以及硅藻的季节演替规律。由于北方气候特征，冬季太阳辐射量明显减少，加之冰盖的作用，致使到达冰下水体的太阳辐射受到严重的限制。为了与实际情况相符合，本研究将模型中冬季入湖辐射量进行修正，经模拟验证及反复对比，确定以 0.3 作为修正因子，其模拟结果更加符合乌梁素海藻类变化的实际情况。通过该模型模拟还发现，乌梁素海水体中藻类的生消演替规律与水体中浮游动物有直接关系。模型显示硅藻、绿藻及蓝藻的季节捕食压力有着明显的差异，硅藻的各季节捕食压力较大，绿藻仅秋季捕食压力较大，而蓝藻各季节的捕食压力没有明显规律。可见，乌梁素海湖区浮游动物也是藻类生物量变化的重要因素。大量的研究也表明，富营养化水体中浮游动物对藻类具有调控作用。因此，今后需要对乌梁素海湖区浮游动物开展更加深入的研究，为揭示湖区富营养化变化机理提供基础数据，同时可尝试利用生物操控方法，抑制乌梁素海的水华爆发。

11.3.2 水质与藻类对入湖污染负荷的响应关系

控制营养盐负荷是缓解湖泊富营养化进程、抑制湖泊蓝藻水华的根本措施。消减上游来水污染负荷能够对常规水质及藻类生物量进行有效控制，尤其对生长季节的蓝藻和绿藻生物量起到明显的抑制作用。本研究显示湖区营养物浓度对消减入湖氮磷负荷有明显的响应关系。无论是单一控制还是同时控制氮、磷，湖区均表现出相应营养物浓度降低的趋势，且随控制作用加大，其浓度也不断降低。藻类生物量对消减入湖氮磷负荷表现出不同的响应关系。单一控制磷与同时控制氮磷均能有效降低绿藻和蓝藻生物量，且单一控制磷的作用更加明显，而单一控制氮反而会使蓝藻的生物量增加。魏星瑶等也研究表明控制磷比控制氮更有利于抑制藻类的生长，同时较小的氮磷比有利于藻类生长，过大的氮磷比抑制藻类生长。这也可能是由于单一控制氮的浓度会使氮磷比减小，从而导致蓝藻的生物量增加，而单一控制磷浓度反而会使氮磷比增大，对蓝藻和绿藻起到了抑制作用。研究结果也显示，乌梁素海湖区大多数蓝藻对湖泊总磷的需求较大，因此控制入湖磷负荷能够有效控制湖区藻类生物量，从而对湖区水环境污染治理及生态环境起到重要的作用。

本研究结合模型不确定性分析以及大量相关文献的基础上，建立了适用于乌梁素海的生态系统模型。该模型虽能对乌梁素海主要营养盐及藻类的变化规律进行模拟，但依然存在一些问题和不足，对水生植物及浮游动物相关数据还需进一步建立，今后的研究中要进一步完善模型中的基础数据，使模型模拟结果更加可信，更加符合实际。

11.4 结论

（1）本研究基于乌梁素海现场水文水质及藻类监测数据，利用 AQUATOX 模型构建了乌梁素海生态系统模型，模拟结果较好地吻合了乌梁素海实际水环境状况，重现了水质变化规律以及不同藻类（蓝藻、绿藻、硅藻）的演替规律，客观反映了乌梁素海富营养化状态。

（2）AQUATOX 生态模型控制研究发现消减入湖氮磷负荷能有效降低乌梁素海湖区相应营养物浓度，且随控制作用加大，其浓度也不断降低；同时控制入湖氮磷负荷能有效降低绿藻和蓝藻生物量，且单一控制磷的作用更加明显，而单一控制氮反而会使蓝藻的生物量增加。在乌梁素海湖泊及生态环境治理中，应高度重视水质与藻类对入湖污染负荷的响应关系，采取积极措施，有效控制入湖氮磷浓度，降低入湖污染负荷，提升湖区生态环境承载力，降低水华暴发风险，从而为区域生态环境的改善和可持续发展奠定基础。

参考
文献

一、英文文献

[1] Abdelmalik K W. Role of statistical remote sensing for Inland water quality parameters Prediction [J]. The Egyptian Journal of Remote Sensing and Space Science，2018，21（2）：193-200.

[2] Abtams P A. Alternative models of character displacement and niche shift I . Adaptive shifts in resource use when there is competition for nutritionally nonsubstitutable resources [J]. Evolution，1987，41（3）：651-661.

[3] Albay M，Akcaalan R. Factors influeneing the phytoplankton steady state assemblages in a drinking-water reservoir（Ömerli reservoir，Istanbul）[J]. Hydrobiologia, 2003, 502（1-3）：85-95.

[4] Andrea G，Alberto B，Laura G，et al. Deriving predicted no-effect concentrations（PNECs）for emerging contaminants in the river Po，Italy，using three approaches：Assessment factor，species sensitivity distribution and AQUATOX ecosystem modelling [J]. Environment International，2018，119：66-78.

[5] Beardall J，Young E，Roberts S. Approaches for determining phytoplankton nutrient limitation [J]. Aquatic science，2001，63（1）：44-69.

[6] Becker V，Huszar V L，Naselli F，et al. Phytoplankton equilibrium phases during thermal stratification in a deep subtropical reservoir [J]. Freshwater Biology，2008，53（5）：952-963.

[7] Benndorf J. Conditions for effective biomanipulation：conclusions derived from whole-lake experiments in Europe [J]. Hydrobiologia，1990，200-201（1）：187-203.

[8] Bernhard A E，Peele E R. Nitrogen limitation of phytoplankton in a shallow embayment in northern Puget Sound [J]. Estuaries，1997，20（4）：759-769.

[9] Borcard D，Legendre P，Drapeau P. Partialling out the spatial component of ecological variation [J]. Ecology，1992，73（3）：1045-1055.

[10] BoricsG，VárbíróG，Grigorszky I，et al. A new evaluation technique of potamo-plankton for the assessment of the ecological status of rivers [J]. Large Rivers，2007，17（3-4）：465-486.

[11] Brett M T，Wiackowski K，Lubnow F S，et al. Species-dependent effects of zooplankton on planktonic ecosystem processes in castle lake，California [J]. Limnology and Oceanography，1994，75：2234-2254.

[12] Brosse S，Giraudel J L，Lek S. Utilisation of non-supervised neural networks and principal component analysis to study fish assemblages [J]. Ecological Modelling，2001，146：159-166.

[13] Çevirgen S，Elwany H，Pesce M，et al. Managing nutrient pollution in Venice Lagoon（Italy）：A practical tool for assessment of water quality [J]. Sustainable Water Resources Management，2020，6（7）：69-81.

[14] Chao Z，Junbao Y U，Qing W，et al. Remote sensing retrieval of surface suspended sediment concentration in the Yellow River Estuary [J]. Geography Science，2017，27（6）：934-947.

[15] Conley D J, Paerl H W, Howarth R W, et al. Controlling eutrophication: Nitrogen and phosphorus [J]. Science, 2009, 323: 1014-1015.

[16] Costa C M D S B, Marques L D S, Almeida A K, et al. Applicability of water quality models around the world-a review [J]. Environmental Science and Pollution Research, 2019, 26 (36): 36141-36162.

[17] Crossetti L O, Bicudo C E M. Phytoplankton as a monitoring tool in a tropical urban shallow reservoir (Garcas Pond): The assemblage index application [J]. Hydrobiologia, 2008, 610 (1): 161-173.

[18] Dall' Olmo G, Gitelson A A, Rundquist D C, et al. Assessing the potential of ScaWiFS and MODIS for estimating chlorophyll concent ration in turbid productive waters using red and near-infrared bands [J]. Remote Sensing of Environment, 2005, 96 (2): 176-187.

[19] Dokulil M T, Chen W, Cai Q. Anthropogenic impacts to large lakes in China: The Tai Hu example [J]. Aquatic Ecosytem Health and Management, 2000, 3 (1): 81-94.

[20] Dornhofer K, Klinger P, Heege T, et al. Multi-sensor satellite and in situ monitoring of phytoplankton development in a eutrophic-mesotrophic lake [J]. Science of the Total Environment, 2018, 612 (1): 2001 214.

[21] Fernanda Y, Yoshino W, Enner A, et al. High performance of chlorophyll-a prediction algorithms based on simulated OLCI Sentinel-3A bands in cyanobacteria-dominated inland waters [J]. Advances in Space Research, 2018, 62 (2): 265-273.

[22] Fisher R A, Corbet A S, Williams C B. The relation between the number of species and the number of individuals in a random sample of an animal population [J]. Journal of Animal Ecology, 1943, 12 (1): 42-58.

[23] Fonseca B M, Bicudo C E M. Phytoplankton seasonal and vertical variations in a tropical shallow reservoir with abundant macrophytes (Ninféias Pond, Brazil) [J]. Hydrobiologia, 2011, 665 (1): 229-245.

[24] Forbes S A. On the local distribution of certain illinois fishes: An essay in statistical ecology [J]. Champaign illinois natural history survey, 1907, 7 (8): 237-303.

[25] Geom J, Kim I, Kim M, et al. Coupling of the AQUATOX and EFDC models for ecological impact assessment of chemical spill scenarios in the Jejune River, Korea [J]. Biology, 2020, 9 (10): 340.

[26] Giardino C, Brando V E, Dekker A G, et al. Assessment of water quality in Lake Garda (Italy) using Hyperion [J]. Remote Sensing of Environment, 2007, 109 (2): 183-195.

[27] Giraudel J L, Lek S. A comparison of self-organizing map algorithm and some conventional statistical methods for ecological community ordination [J]. Ecological Modelling, 2001, 146: 329-339.

[28] Goldman C R. Primary produetivity and limiting factrosin in three lakes of the Alaska peninsula [J]. Ecol Monogr, 1960, 30: 207-230.

[29] Golosov S, Maher O A, Schipunova E, et al. Physical background of the development of oxygen depletion in ice-covered lakes [J]. Oecologia, 2007, 151 (2): 331-340.

[30] Grime J P. Evidence for the existence of three primary strategies in plants and its relevance toecological and evolutionary theory [J]. The American Naturalist, 1997, 111 (982): 1169-1194.

[31] Grime J P. Plant Strategies and Vegetation Processes [M]. Hoboken: John Wiley, 1979: 1-54.

[32] Grime J P. Vegetation classification by reference to strategies [J]. Nature, 1974, 250: 26-31.

[33] Han B P. Photosynthesis-irradiance response at physiological level: A mechanistic model [J]. Journal of Theoretical Biology, 2001, 213 (2): 121-127.

[34] Ho T Y, Quigg A, Finkel Z V, et al. The elemental composition of some marine phytoplankton [J]. Journal of Phycology, 2003, 39 (6): 1145-1159.

[35] Hong L, Yang J, Liu L, et al. Temperature and nutrients are significant drivers of seasonal shift in phytoplankton community from a drinking water reservoir, subtropical China [J]. Environmental Science and Pollution Research, 2014, 21 (9): 5917-5928.

[36] Hu R, Xiao L J. Functional classification of phytoplankton assemblages in Reservoirs of Guangdong Province, South China [C] //Han B, Liu Z. Tropical and Sub-tropical Reservoir Limnology in China. London: Spring Press, 2011: 59-70.

[37] Hutchinson G E. A Treatise on Limnology [M]. Hoboken: John Wiley, 1957.

[38] Jinxia Y, Jingling L, Xiaoguang Y, et al. Simulating the gross primary production and ecosystem respiration of estuarine ecosystem in North China with AQUATOX [J]. Ecological Modelling, 2018, 373: 1-12.

[39] Jorgensen S E. Examination of a lake model [J]. Ecological model, 1978, 4 (2): 253-278.

[40] Kangur K, Möls T, Milius A, et al. Phytoplankton response to changed nutrient level in Lake Peipsi (Estonia) in 1992—2001 [J]. Hrdrobiologia, 2003, 506-509 (1-3): 265-272.

[41] Kruk C, Mazzeo N, Lacerot G, et al. Classification schemes for phytoplankton: A local validation of a functional approach to the analysis of species temporal replacement [J]. Journal of Plankton Research, 2002, 24 (9): 901-912.

[42] Lampitt R S, Wishner K F, Turley C M, et al. Marine snow studies in the northeast Atlantic: Distribution, composition and roles asa food source for migrating plankton [J]. Marine Biology, 1993, 116: 689-702.

[43] Lee J, Kwak I S, Lee E, et al. Classification of breeding bird communities along an urbanization gradient using an unsupervised artificial neural network [J]. Ecological Modelling, 2007, 203: 62-71.

[44] Legendre L, Legendre P. Numerical Ecology [M]. Amsterdam: Elsevier Scientific Publishing Company, 1983.

[45] Lewis W M, Saunders J F, Crumpacker D W, et al. Eutrophication and Land use [J]. Ecological Studies, 1984, 46: 179-187.

[46] Litchman E. Growth rates of phytoplankton under fluctuating light [J]. Freshwater Biology, 2000, 44 (2): 223-225.

[47] Lopes M R M, Bicudo C E M, Ferragut M C. Short term spa-tial and temporal variation of phytoplankton in a shallow tropical oli-gotrophic reservoir, southeast Brazil [J]. Hydrobiologia, 2005, 542: 235-247.

[48] Lulu Z, Jiansheng C, Tiance S, et al. Application of an AQUATOX model for direct toxic effects and indirect ecological effects assessment of Poly cyclic aromatic hydrocarbons (PA's) in a plateau eutrophication lake, China [J]. Ecological Modelling, 2018, 388: 1-44.

[49] Margalef R. Life-forms of phytoplankton as survival alternatives in an unstable. environment [J].

Oceanol Acta, 1978, 1 (4): 493-509.

[50] Mayer J, Dokulli M T, Salbrechter M, et al. Seasonal successions and trophic relations between phytoplankton, zooplankton, ciliate and bacteria in a hypertrophic shallow lake in Vienna, Austria [J]. Hydrobiologia, 1997, 342-343: 165-174.

[51] Muylaert K, Sabbe K, Vyverman W. Spatial and temporal dynamics of phytoplankton communities in a freshwater tidal estuary (Schelde, Belgium) [J]. Estuarine, Coastal and Shelf Science, 2000, 50: 673-687.

[52] Naselli F L. Phytoplankton assemblages in twenty-one Sicilian reservoirs: Relationships between species composition and environmental factors [J]. Hydrobiologia, 2000, 424 (1): 1-11.

[53] Oliver R L, Ganf G G. Freshwater blooms [C] //Whitton B A, Potts M. The Ecology of Cyanbacteria. Dordrecht: Kluwer Academic Publishers, 2000, 149-194.

[54] Ostos E M, Pizarro L C. The spatial distribution of different phytoplankton functional groups in a Mediterranean reservoir [J]. Aquat Ecol, 2008, 42: 115-128.

[55] Padisák J, Crossetti L O, Naselli F. Use and misuse in the application of the phytoplankton functional classification: A critical review with updates [J]. Hydrobiologia, 2009, 621: 1-19.

[56] Pozdnyakov D, Shuchman R, Korosov A, et al. Operational algorithm for the retrieval of water quality in the Great Lakes [J]. Remote Sensing of Environment, 2005, 97 (3): 352-370.

[57] Qiaozhen G, Xiaoxu W, Qixuan B, et al. Study on retrieval of chlorophyll-a concentration based on OLI imagery in the Haihe River, China [J]. Sustainability, 2016, 758 (8): 20-34.

[58] Reynolds C S, Huszar V, Kurk C, et al. Towards a functional classification of the freshwater phytoplankton [J]. Journal of Plankton Research, 2002, 24 (5): 417-428.

[59] Reynolds C S. A physiological interpretation of the dynamic responses of populations of aplanktonic diatom to physical variability of the environment [J]. New Phytologist, 1983, 95 (1): 41-53.

[60] Reynolds C S. Functional morphology and the adaptive strategies of freshwater phytoplankton [C] //Sandgren C D. Growth and Reproductive Strategies of Freshwater Phytoplankton. Cambridge: Cambridge University Press, 1988: 338-433.

[61] Reynolds C S. Successional change in the planktonic vegetation: Species, structures, seales [C] //Joint I. Molecular Ecology of Aquatic Microbes. Berlin: Spring-Verlag, 1995: 115-132.

[62] Reynolds C S. The ecology of phytoplankton [M]. Cambridge: Cambridge University Press, 2006: 1-436.

[63] Reynolds C S. What factors influence the species composition of phytoplankton in lakes of different trophic status? [J]. Hydrobiologic, 1998, 369-370: 11-26.

[64] Rhee G Y, Gotham I J. The effect of environmental factors on phytoplankton growth: Temperature and the interactions of temperature with nutrient limitation [J]. Limnology and Oceanography, 1981, 26 (4): 635-648.

[65] Rhee G Y. Effects of N : P atomic ratios and nitrate limitation on algal growth, cell composition and nitrate uptake [J]. Limnology and Oceanography, 1978, 23 (1): 10-25.

[66] Rukhovets L A, Astrkhantsev G P, Menshutkin V V, at al. Development of Lake Ladoga ecosystem models: Modeling of the phytoplankton succession in the eutrophication process [J]. Ecological Modelling, 2003, 165 (1): 49-77.

[67] Rychtecký P, Znachor P. Spatial heterogeneity and seasonal succession of phytoplankton along the

内蒙古典型湖泊浮游植物群落特征及生态效应研究

longitudinal gradient in a eutrophic reservoir [J]. Hydrobiologia, 2011, 663 (1): 175-186.

[68] Sagehashi M, Suzuki M, Sakoda A. A mathematical model of a shallow and eutrophic lake (the Keszthely Basin, Lake Balaton) and simulation of restorative manipulations [J]. Water Research, 2001, 35 (7): 1675-1686.

[69] Schindler D W, Fee E J. Experimental lakes area: Whole-lake experiments in eutrophication [J]. Journal of the Fisheries Research Board of Canada, 1974, 31 (5): 937-953.

[70] Schindler D W. The evaluation of phosphorus limitation in lakes [J]. Science, 1977, 195: 260-262.

[71] Schluter D. A variance test for detecting species associations, with some example applications [J]. Ecology, 1984, 65 (3): 998-1005.

[72] Şimşek A, Küçük K, Bakan G. Applying AQUATOX for the ecological risk assessment coastal of Black Sea at small industries around Samsun, Turkey [J]. International Journal of Environmental Science and Technology, 2019, 16 (9): 5229-5236.

[73] Sommer U. Nutrient status and nutrient competition of phytoplankton in a shallow, hypertrophic lake [J]. Limnology and Oceanography, 1989, 34 (7): 1162-1173.

[74] Song M Y, Hwang H J, Kwak I S, et al. Self-organizing mapping of benthic macroinvertebrate communities implemented to community assessment and water quality evaluation [J]. Ecological Modelling, 2007, 203: 18-25.

[75] Stevenson R J, Bothwell M L, Lowe R L. Algal Ecology: Freshwater Benthic Ecosystems [M]. San Diego: Acdamic Press, 1996.

[76] Sun J, Liu D Y, Chen Z T, et al. Growth of Platymonas helgolandica var. tsingtaoensis, Cylindrotheca closterium and Karenia mikimotoi and their survival strategies under different N/P ratios [J]. Chinese Journal of Applied Ecology, 2004, 5 (11): 2122-2126.

[77] Temponeras M, Kristiansen J, Moustaka G M. Seasonal variation in phytoplankton composition and physical-chemical features of the shallow Lake Do rani, Macedonia, Greece [J]. Hydrobiologia, 2000, 424 (1-3): 109-122.

[78] Teneva I, Mladenov R, Belkinova D, et al. Phytoplankton community of the drinking water supply reservoir Borovitsa (South Bulgaria) with an emphasis on cyanotoxins and water quality [J]. Central European Journal of Biology, 2010, 5 (2): 231-239.

[79] Tilman D, Kilham S S. Phosphate and silicate growth and uptake kinetics of the diatoms Asterionella formosa and Cyclotella meneghiniana in batch and semicontinuous culture [J]. Journal of Phycology, 1976, 12 (4): 375-383.

[80] Tilman D, Mattson M, Langer S. Competition and nutrient kinetics along a temperature gradient: An experimental test of a mechanistic approach to niche theory [J]. Limnology and Oceanography, 1981, 26 (6): 1020-1033.

[81] Tomasky G, Barak J, Valiela J, et al. Nutrient limitation of phytoplankton Growth in Waquoit Bay, Massaehusetts, USA: A nutrient enrichment study [J]. Aquatic Ecology, 1999, 33 (2): 147-155.

[82] Turpin D H. Effects of inorganic N availability on algal photosynthesis and carbon metablism [J]. Journal of Phycology, 1991, 27 (1): 14-20.

[83] Wang F, Wang X, Zhao Y, et al. Temporal variations of NDVI and correlations between NDVI

and hydro-climatological variables at Lake Baiyangdian, China [J]. International Journal of Bio-meteorology, 2014, 58 (7): 1531-1543.

[84] Wang L, Cai Q H, Xu Y Y, et al. Weekly dynamics of phytoplankton functional groups under high water lever fluctuations in a Subtropical reservoir-bay [J]. Aquatic Ecology, 2010, 45 (2): 197-212.

[85] Wang Z C, Li Z J, Li D H. A niche model to predict Microcystis bloom decline in Chaohu Lake, China [J]. Chinese Journal of Oceanology and Limnology, 2012, 30 (4): 587-594.

[86] Whittaker R H, Levin S A, Root R B. Niche, habitat and ecotype [J]. American Naturalist, 1973, 107 (5): 321-3381.

[87] Whittaker R H. Gradient analysis of vegetation [J]. Biological Reviews, 1967, 42 (2): 207-264.

[88] Xiao L J, Wang T, Hu R, et al. Succession of phytoplankton functional groups regulated by monsoonal hydrology in a Large Canyon-Shaped Reservoir [J]. Water Research, 2011, 45 (16): 5099-5109.

[89] Xiao L J, Wwng T, Han B P. Grazing of Daphnia galeata and Phyllodiaptomus tunguidus on phy-toplankton in Liuxihe Reservoir, South China: In situ bottle experiments [J]. Ecological Sci-ence, 2008, 27 (5): 362-367.

[90] Yang D F, Gao Z H, Sun P Y, et al. Mechanism of nutrient silicon and water temperature influ-ences on phytoplankton Growth [J]. Marine Science Bulletin, 2006, 8 (2): 49-59.

[91] Yao X, Liu Y. A new evolutionary system for evolving artificial neural networks. IEEE Transac-tions on Neural Networks, 1997, 3 (8): 694-713.

[92] Zhang X, Xie P, Chen F Z, et al. Driving forces shaping phytoplankton assemblage in two sub-tropical plateau lakes with contrasting trophic status [J]. Freshwater Biology, 2007, 52 (8): 1463-1475.

[93] Zheng G, Digiacomo P M. Remote sensing of chlorophyll-a in coastal waters based on the light absorption coefficient of phytoplankton [J]. Remote Sensing of Environment, 2017, 201 (11): 331-341.

二、中文文献

[1] [捷克] 福迪 B. 藻类学 [M]. 罗迪安, 译. 上海: 上海科学技术出版社, 1980.

[2] [美] Odum E P. 生态学基础 [M]. 孙儒泳, 钱国桢, 译. 北京: 人民教育出版社, 1981.

[3] 安瑞志, 张鹏, 达珍, 等. 西藏麦地卡湿地不同水文期原生动物优势种生态位及其种间联结性 [J]. 林业科学, 2021, 57 (2): 126-138.

[4] 曹小娟. 洞庭湖 AQUATOX 模拟与生态功能分区 [D]. 长沙: 湖南大学, 2006.

[5] 陈德辉, 章宗涉, 刘永定, 等. 微囊藻栅藻资源竞争的动力学过程 [J]. 环境科学学报, 2000, 20 (3): 8-9.

[6] 陈泓宇, 兰明钰, 孙传玺, 等. 粤北不同演替阶段森林群落结构与种间关联 [J]. 森林与环境学报, 2022, 42 (5): 465-473.

[7] 陈济丁, 任久长, 蔡晓明. 利用大型浮游动物控制浮游植物过量生长的研究 [J]. 北京大学学报 (自然科学版), 1995, 31 (3): 373-383.

[8] 陈军, 温珍河, 孙记红, 等. 基于四波段半分析算法和 Hyperion 遥感影像反演太湖叶绿素 a 浓度 [J]. 遥感技术与应用, 2010, 25 (6): 867-872.

[9] 陈灵芝，钱迎倩．生物多样性科学前沿 [J]．生态学报，1997，17（6）：565-572.

[10] 陈无歧，李小平，陈小华，等．基于 Aquatox 模型的洱海营养物投入响应关系模拟 [J]．湖泊科学，2012，24（3）：362-370.

[11] 陈晓玲，程丹，李慧明，等．南亚热带水库中盆形溞牧食对浮游植物群落影响的围隔试验 [J]．水生态学杂志，2012，33（3）：20-26.

[12] 陈永川，张德刚，汤利．滇池水体磷的时空变化与藻类生长的关系 [J]．生态环境学报，2010，19（6）：1363-1368.

[13] 丛晓峰，陈艳，陈昊，等．秦巴山区中段草本药用植物种间联结性与海拔的关系 [J]．西北林学院学报，2021，36（6）：159-166.

[14] 戴冬旭．南麂列岛东侧海域渔业生物群落结构及其生态位与种间联结性研究 [D]．舟山：浙江海洋大学，2020.

[15] 邓宏兼．黄龙山林区油松针阔混交林物种多样性及种间联结研究 [D]．杨凌：西北农林科技大学，2015.

[16] 丁朋朋，高春霞，彭欣，等．浙江南部近海主要虾类的时空生态位及种间联结性 [J]．应用生态学报，2019，30（11）：3942-3950.

[17] 董静，李根保，宋立荣．抚仙湖、洱海、滇池浮游藻类功能群 1960s 以来演变特征 [J]．湖泊科学，2014，26（5）：735-742.

[18] 董静，李艳晖，李根保，等．东江水系浮游植物功能群季节动态特征及影响因子 [J]．水生生物学报，2013，37（5）：836-843.

[19] 董全民，赵新全，马玉寿，等．放牧对高寒小嵩草草甸冷季草场主要植物种群的生态位的影响 [J]．中国草地学报，2006，28（6）：10-17.

[20] 董云仙，洪雪花，胡锦乾，等．程海冬季水华暴发期间氮、磷营养元素的形态与分布 [J]．生态环境学报，2010，19（11）：2675-2679.

[21] 杜道林，苏杰，刘玉成．栲树种群生态位动态研究 [J]．应用生态学报，1997，8（2）：113-118.

[22] 方涛，李道季，余立华，等．光照和营养盐磷对微型及微微型浮游植物生长的影响 [J]．生态学报，2006，26（9）：2783-2790.

[23] 付强，王志良，梁川．自组织竞争人工神经网络在土壤分类中的应用 [J]．水土保持通报，2002，22（1）：39-43.

[24] 高国敬，肖利娟，林秋奇，等．海南省典型水库浮游植物功能类群的结构特征与水质评价 [J]．生态科学，2013，32（2）：144-150.

[25] 高宇．基于 SOM 神经网络的风电电子装置故障诊断 [J]．电力系统及其自动化学报，2010，22（3）：4.

[26] 龚容，高琼，王亚林．围封对温带半干旱典型草原群落种间关联的影响 [J]．植物生态学报，2016，40（6）：554-563.

[27] 郭坤，杨德国，彭婷，等．湖北省长湖浮游植物优势种生态位分析 [J]．湖泊科学，2016，28（4）：825-834.

[28] 郭沛涌，林育真，李玉仙．东平湖浮游植物与水质评价 [J]．海洋湖沼通报，1997，19（4）：37-42.

[29] 国家环境保护总局《水和废水监测分析方法》编委会．水和废水监测分析方法（第 4 版）[M]．北京：中国环境科学出版社，2002.

[30] 韩安霞，邱婧，何春梅，等. 秦岭皇冠优势灌木苦糖果的空间分布格局及种内种间关联 [J]. 应用生态学报，2022，33（8）：2027-2034.

[31] 韩秀珍，郑伟，刘诚，等. 基于 MERSI 和 MODIS 的太湖水体叶绿素 a 含量反演 [J]. 地理研究，2011，30（2）：291-300.

[32] 郝彦菊，唐丹玲. 大亚湾浮游植物群落结构变化及其对水温上升的响应 [J]. 生态环境学报，2010，19（8）：1794-1800.

[33] 何文珊，陆健健. 高浓度悬沙对长江河口水域初级生产力的影响 [J]. 中国生态农业学报，2001，9（4）：24-27.

[34] 赫斌，李哲，冯婧，等. 三峡澎溪河高阳平湖高水位期间磷-藻生态模型研究 [J]. 湖泊科学，2016，28（6）：1244-1255.

[35] 侯伟，黄成，江启明，等. 粤北三座典型中型水库富营养化与浮游植物群落特征 [J]. 生态环境学报，2011，20（5）：913-919.

[36] 胡春英. 不同湖泊演替过程中浮游动物数量及多样性的研究 [J]. 水生生物学报，1999，23（3）：217-226.

[37] 胡鸿钧，魏印心. 中国淡水藻类——系统、分类及生态 [M]. 北京：科学出版社，2006.

[38] 胡韧，蓝于倩，肖利娟，等. 淡水浮游植物功能群的概念、划分方法和应用 [J]. 湖泊科学，2015，27（1）：11-23.

[39] 刁凡超. 八年四次被中央环保督察点名，"湖北之肾"洪湖水生态状况持续下滑 [R]. 湖南日报，2024-05-18.

[40] 黄俊. 滇池湖泊浮游植物变化趋势分析 [J]. 环境科学导刊，2012，30（5）：35-37.

[41] 黄祥飞，陈伟民，蔡启铭. 湖泊生态调查观测与分析 [M]. 北京：中国标准出版社，1999.

[42] 黄享辉，胡韧，雷腊梅，等. 南亚热带典型中小型水库浮游植物功能类群季节演替特征 [J]. 生态环境学报，2013，22（2）：311-318.

[43] 江常春，梁希妮，田磊，等. 浙江省常绿阔叶林优势树种种间联结分析 [J]. 浙江师范大学学报（自然科学版），2022（4）：437-445.

[44] 姜作发，董崇智，战培荣，等. 大兴凯湖浮游动物群落结构及生物多样性 [J]. 大连水产学院学报，2003，18（4）：292-295.

[45] 焦海峰，施慧雄，尤仲杰，等. 渔山岛岩礁基质潮间带大型底栖动物优势种生态位 [J]. 生态学报，2011，31（14）：3928-3936.

[46] 金相灿. 中国湖泊环境（第 1 册）[M]. 北京：海洋出版社，1995.

[47] 况琪军，马沛明，胡征宇，等. 湖泊富营养化的藻类生物学评价与治理研究进展 [J]. 安全与环境学报，2005，5（2）：87-91.

[48] 黎尚豪，毕列爵，魏印心，等. 中国淡水藻志——绿藻门 [M]. 北京：科学出版社，1998.

[49] 李德亮，张婷，肖调义，等. 大通湖浮游植物群落结构及其与环境因子关系 [J]. 应用生态学报，2012，23（8）：2107-2113.

[50] 李红，马燕武，祁峰，等. 博斯腾湖浮游植物群落结构特征及其影响因子分析 [J]. 水生生物学报，2014，38（5）：921-928.

[51] 李建茹，李畅游，李兴，等. 乌梁素海浮游植物群落特征及其与环境因子的典范对应分析 [J]. 生态环境学报，2013，22（6）：1032-1040.

[52] 李林春. 南湾水库鲢鳙放养比例对水质调控的研究 [J]. 水态学杂志，2010，3（4）：70-74.

[53] 李霞，朱万泽，舒树森，等. 大渡河中游干暖河谷植被种间关系与稳定性 [J]. 应用与环境生

物学报，2021，27（2）：325-333.

[54] 李小龙，耿亚红，李夜光，等. 从光合作用特性看铜绿微囊藻（*Microcystis aeruginosa*）的竞争优势 [J]. 武汉植物学研究，2006，24（3）：225-230.

[55] 李晓东，潘成梅，安瑞志，等. 西藏拉萨河中下游不同水文期浮游植物优势种生态位及种间联结性 [J]. 湖泊科学，2023，35（1）：118-130.

[56] 李兴，李畅游，勾芒芒，等. 挺水植物对湖泊水质数值模拟过程的影响 [J]. 环境科学，2010，31（12）：2890-2895.

[57] 李兴，李建茹，李畅游. 内蒙古乌梁素海浮游植物优势种的生态位分析 [J]. 水生态学杂志，2017，38（6）：40-47.

[58] 李兴，李建茹，徐效清，等. 乌梁素海浮游植物功能群季节演替规律及影响因子 [J]. 生态环境学报，2015，24（10）：1668-1675.

[59] 李艳利，李艳粉，徐宗学. 影响浑太河流域大型底栖动物群落结构的环境因子分析 [J]. 环境科学，2015，36（1）：94-106.

[60] 李夜光，李中奎，耿亚红，等. 富营养化水体中N、P浓度对浮游植物生长繁殖速率和生物量的影响 [J]. 生态学报，2006，26（2）：317-325.

[61] 李哲，方芳，郭劲松，等. 三峡小江（澎溪河）藻类功能分组及其季节演替特点 [J]. 环境科学，2011，32（2）：392-400.

[62] 李喆，姜作发，马波，等. 新疆乌伦古湖春、秋季浮游植物群落结构的聚类和多维分析 [J]. 中国水产科，2008，15（6）：984-991.

[63] 梁红，黄林培，陈光杰，等. 滇东湖泊水生植物和浮游生物碳、氮稳定同位素与元素组成特征 [J]. 湖泊科学，2018，30（5）：226-238.

[64] 刘超，禹娜，陈立侨，等. 上海市西南城郊河道春季的浮游生物组成及水质评价 [J]. 复旦学报（自然科学版），2007，46（6）：913-919.

[65] 刘建康，谢平. 揭开武汉东湖蓝藻水华消失之谜 [J]. 长江流域资源与环境，1999，8（3）：312-314.

[66] 刘丽平，李昂，连森阳，等. 自组织映射神经网络在生物信息学中的应用 [J]. 中国家禽，2011，33（6）：4.

[67] 刘林峰，周先华，高健，等. 神农架大九湖湿地浮游植物群落结构特征及营养状态评价 [J]. 湖泊科学，2018，30（2）：417-430.

[68] 刘其根，陈立侨，陈勇，等. 千岛湖水华发生与主要环境因子的相关性分析 [J]. 海洋湖沼通报，2007，1：117-124.

[69] 刘清，王松，许江娟，等. 西安市汉城湖浮游植物群落结构与水质状况分析 [J]. 安全与环境工程，2017，24（3）：48-56.

[70] 刘扬，陈仲达，林卫青，等. 利用AQUATOX模型评价淀山湖二氯甲烷生态风险 [J]. 环境污染与防治，2012，34（7）：49-54.

[71] 刘紫薇. 湘西主要乡土树种光特性和种间联结研究及森林经营启示 [D]. 北京：北京林业大学，2020.

[72] 刘足根，张柱，张萌，等. 赣江流域浮游植物群落结构与功能类群划分 [J]. 长江流域资源与环境，2012，21（3）：375-384.

[73] 栾虹. 基于Landsat 8珠江口悬浮泥沙及叶绿素a浓度遥感反演及时空变化 [D]. 湛江：广东海洋大学，2016.

[74] 罗凯，罗旭，冯仲科，等．自组织特征映射网络在遥感影像分类中的应用 [J]．北京林业大学学报，2008，30（1）：73-77.

[75] 马驰．松嫩平原水体中的叶绿素 a 和悬浮物含量反演研究 [J]．湿地科学，2017，15（2）：173-178.

[76] 马万栋，王桥，吴传庆，等．基于反射峰面积的水体叶绿素遥感反演模拟研究 [J]．地球信息科学，2014，16（6）：965-970.

[77] 孟东平，王翠红，辛晓芸，等．汾河太原段水体浮游藻类生态位的研究 [J]．环境科学与技术，2006，29（10）：95-97.

[78] 念宇．淡水生态系统退化机制与恢复研究 [D]．上海：东华大学，2010.

[79] 欧腾，李秋华，王安平，等．贵州高原三板溪水库浮游植物群落动态与环境因子的关系 [J]．生态学杂志，2014，33（12）：3432-3439.

[80] 潘鸿，唐宇宏．威宁草海浮游植物污染指示种及水质评价 [J]．湿地科学，2016，14（2）：230-234.

[81] 齐雨藻，朱蕙忠，李家英，等．中国淡水藻志——硅藻门、中心纲 [M]．北京：科学出版社，1995.

[82] 奇凯．黑里河天然油松林主要植物种空间格局和空间关联 [D]．北京：北京林业大学，2011.

[83] 钱国栋，石晓勇，侯继灵，等．不同氮源对黄海浮游植物生长影响的围隔实验研究 [C] //中国环境科学学会．中国环境科学学会学术年会论文集．北京：中国环境科学出版社，2009：479-485.

[84] 乔菁菁，王沛永．基于 Aquatox 的北京奥林匹克森林公园主湖生态净化模拟 [J]．风景园林，2017（4）：99-105.

[85] 秦伯强，王小冬，汤祥明，等．太湖富营养化与蓝藻水华引起的饮用水危机——原因与对策 [J]．地球科学进展，2007，22（9）：11.

[86] 日本生态学会环境问题专门委员会．环境和指示生物（水域分册）[M]．北京：中国环境科学出版社，1987.

[87] 阮景荣，戎克文，王少梅．微型生态系统中鲢、鳙下行影响的实验研究——1. 浮游生物群落和初级生产力 [J]．湖泊科学，1995，7（3）：226-234.

[88] 尚占环，姚爱兴，郭旭生．国内外生物多样性测度方法的评价与综述 [J]．宁夏农学院学报，2002，23（3）：68-72.

[89] 申涵．寒旱区湖泊浮游植物生态位及种间联结特征分析 [D]．包头：内蒙古科技大学，2020.

[90] 申立娜．白洋淀喹诺酮类抗生素 c 与理化因子和典型生物群落相关性研究 [D]．石家庄：河北科技大学，2020.

[91] 沈爱春，徐兆安，吴东浩．太湖夏季不同类型湖区浮游植物群落结构及环境解释 [J]．水生态学杂志，2012，33（2）：43-46.

[92] 沈会涛，刘存歧．白洋淀浮游植物群落及其与环境因子的典范对应分析 [J]．湖泊科学，2008，20（1）：773-779.

[93] 沈韫芬，章宗涉，龚循矩，等．微型生物监测新技术 [M]．北京：中国建筑工业出版社，1990.

[94] 师贺雄．小陇山国家级自然保护区森林群落分布格局与种间联结研究 [D]．西安：西北师范大学，2013.

[95] 施坤，李云梅，王桥．因子分析法在水质参数反演中的应用 [J]．湖泊科学，2010，22（3）：

391-399.

[96] 施之新，王全喜，谢树莲，等．中国淡水藻志——裸藻门［M］．北京：科学出版社，1999．

[97] 宋育红，邢建宏，邓贤兰．格氏栲自然保护区常绿阔叶林群落优势树种种间联结性分析［J］．
井冈山大学学报（自然科学版），2021，42（4）：64-70．

[98] 苏日古嘎，张金屯，田世广，等．自组织特征映射网络在北京松山自然保护区山地草甸数量分
析中的应用［J］．植物生态学报，2010，34（7）：811-818．

[99] 孙蓓蓓．舟山沿岸渔场渔业生物群落结构特征及其生态位研究［D］．舟山：浙江海洋大
学，2020．

[100] 谭啸，孔繁翔，于洋，等．升温过程对藻类复苏和群落演替的影响［J］．中国环境科学，
2009，29（6）：578-582．

[101] 唐爽，陈蜀江．基于CBERS-2卫星数据的艾比湖浮游植物生物量的反演研究［J］．遥感技术
与应用，2013，28（3）：543-548．

[102] 汪志聪，吴卫菊，左明，等．巢湖浮游植物群落生态位的研究［J］．长江流域资源与环境，
2010，19（6）：685-691．

[103] 王翠红，张金屯．汾河水库及河道中优势硅藻生态位的研究［J］．生态学杂志，2004，23
（3）：58-62．

[104] 王国良，吴波，杨秋玲，等．济南市五峰山地区灌草丛草地植被生态位研究［J］．中国农学
通，2014，30（1）：68-72．

[105] 王丽卿，许莉，陈庆江，等．鲢鳙放养水平对淀山湖浮游植物群落影响的围隔实验［J］．环境
工程学报，2011，5（8）：1790-1794．

[106] 王松波，耿红，刘娟娟，等．富营养水体中浮游植物生长的营养限制研究［J］．长江流域资源
与环境，2011，20（1）：149-153．

[107] 王勇，宗亚杰，陈猛．用生物多样性指数法评价河流污染程度［J］．辽宁城乡环境科技，
2003，23（4）：22-23．

[108] 魏星瑶，王超，王沛芳．基于AQUATOX模型的入湖河道富营养化模拟研究［J］．水电能源
科学，2016，34（3）：44-48．

[109] 吴朝，张庆国，毛栽华，等．淮南焦岗湖浮游生物群落及多样性分析［J］．合肥工业大学学
报，2008，31（8）：5．

[110] 吴攀，邓建明，秦伯强，等．水温和营养盐增加对太湖冬春季节藻类生长的影响［J］．环境科
学研究，2013，26（10）：1064-1071．

[111] 吴晓辉，刘家寿，朱爱民，等．浮桥河水库浮游植物的多样性及其演变［J］．长江流域资源与
环境，2003，12（3）：218-221．

[112] 吴仪，邓孺孺，秦雁，等．新丰江水库叶绿素浓度时空分布特征的遥感反演研究［J］．遥感技
术与应用，2017，32（5）：825-834．

[113] 夏霆，陈静，曹方意，等．镇江通江城市河道浮游植物优势种群生态位分析［J］．长江流域资
源与环境，2014，23（3）：345-350．

[114] 谢平．鲢、鳙与藻类水华控制［M］．北京：科学出版社，2003．

[115] 谢平．微囊藻毒素对人类健康影响相关研究的回顾［J］．湖泊科学，2009，21（5）：603-613．

[116] 熊莲，刘冬燕，王俊莉，等．安徽太平湖浮游植物群落结构［J］．湖泊科学，2016，28（5）：
1066-1077．

[117] 徐春燕，俞秋佳，徐国洁，等．淀山湖浮游植物优势种生态位［J］．应用生态学报，2012，23

（9）：2550-2558.

[118] 徐凤洁，俞秋佳，王昊彬．淀山湖夏秋季浮游植物优势种生态特征分析 [J]. 华东师范大学学报（自然科学版），2014（6）：90-100.

[119] 徐满厚，刘敏，翟大彤，等．植物种间联结研究内容与方法评述 [J]. 生态学报，2016，36（24）：8224-8233.

[120] 徐晓群，曾江宁，陈全震，等．浙江三门湾浮游动物优势种空间生态位 [J]. 应用生态学报，2013，24（3）：818-824.

[121] 徐祎凡，施勇，李云梅．基于环境一号卫星高光谱数据的太湖富营养化遥感评价模型 [J]. 长江流域资源与环境，2014，23（8）：1111-1118.

[122] 徐兆礼，蒋玫，陈亚瞿，等．东海赤潮高发区春季浮游桡足类与环境关系的研究 [J]. 水产学报，2003（27）：49-54.

[123] 杨东平．中国环境发展报告（2009）[M]. 北京：社会科学文献出版社，2009.

[124] 杨芳，李畅游，史小红，等．乌梁素海冰封期湖泊冰盖组构特征对污染物分布的影响 [J]. 湖泊科学，2016，28（2）：455-462.

[125] 杨国范，阎孟冬，殷飞．清河水库叶绿素 a 浓度反演模型研究 [J]. 遥感信息，2016，31（5）：74-78.

[126] 杨宏伟，高光，朱广伟，等．太湖蠡湖冬季浮游植物群落结构特征与氮磷浓度关系 [J]. 生态学杂志，2012，31（1）：1-7.

[127] 杨柳，章铭，刘正文．太湖春季浮游植物群落对不同形态氮的吸收 [J]. 湖泊科学，2011，23（4）：605-611.

[128] 杨文焕，申涵，周明利，等．包头南海湖浮游植物优势种生态位及种间联结性季节分析 [J]. 中国环境科学，2020，40（1）：383-391.

[129] 杨漪帆，朱永青，林卫青．淀山湖富营养化控制的模型研究 [J]. 环境科技，2009，22（2）：17-21，25.

[130] 杨志岩，李畅游，张生，等．内蒙古乌梁素海叶绿素 a 浓度时空分布及其与氮、磷浓度关系 [J]. 湖泊科学，2009，21（3）：429-433.

[131] 庾强．内蒙古草原植物生态化学计量学研究 [D]. 北京：中国科学院植物研究所，2009.

[132] 岳强，黄成，史元康，等．粤北 2 座不同营养水平水库浮游植物功能类群的季节演替 [J]. 生态与农村环境学报，2012，28（4）：432-438.

[133] 詹玉涛，范正华．釜溪河浮游植物分布及其与水质污染的相关性研究 [J]. 中国环境科学，1991，11（1）：29-33.

[134] 张东梅，赵文智，罗维成．荒漠草原带盐碱地优势植物生态位与种间联结 [J]. 生态学杂志，2018，37（5）：1307-1315.

[135] 张金屯．数量生态学（第 2 版）[M]. 北京：科学出版社，2011.

[136] 张金屯．数量生态学（第 3 版）[M]. 北京：科学出版社，2018.

[137] 张丽彬，王启山，丁丽丽，等．富营养化水体中浮游动物对藻类的控制作用 [J]. 生态环境学报，2009，18（1）：64-67.

[138] 张零念，朱贵青，杨宽，等．滇中云南杨梅灌丛木本植物主要物种生态位与种间联结 [J]. 植物生态学报，2022，46（11）：1400-1410.

[139] 张民，于洋，钱善勤．云贵高原湖泊夏季浮游植物组成及多样性 [J]. 湖泊科学，2010，22（6）：829-836.

[140] 张鹏．民勤荒漠区黑果枸杞群落种间联结性及种群空间分布格局研究［D］．杨凌：西北农林科技大学，2017.

[141] 张钦弟，张金屯，苏日古嘎，等．庞泉沟自然保护区华北落叶松林的自组织特征映射网络分类与排序［J］．生态学报，2011，31（11）：2990-2998.

[142] 张石文，董云仙．滇池、洱海、泸沽湖浮游植物研究综述［J］．环境科学导刊，2014，32（4）：13-18.

[143] 张文静，周菁，童小川，等．武汉市喻家湖春季微型浮游生物调查及水质污染指示［J］．安全与环境工程，2013，20（1）：75-80.

[144] 张怡，胡韧，肖利娟，等．南亚热带两座不同水文动态的水库浮游植物的功能类群演替比较［J］．生态环境学报，2012，21（1）：107-117.

[145] 张镇，陈非洲，周万平，等．南京玄武湖隆腺溞（Daphnia carinata）牧食对浮游植物的影响［J］．湖泊科学，2009，21（3）：415-419.

[146] 张志军，浑河中、上游水生生物多样性及其保护［J］．辽宁城乡环境科技，2000，20（5）：55-58.

[147] 赵文，刘国才．海水养虾池浮游动物对浮游植物牧食力的研究［J］．生态学报，1999，19（2）：217-222.

[148] 郑伟，董全民，李世雄，等．放牧对环青海湖高寒草原主要植物种群生态位的影响［J］．草业科学，2013，30（12）：2040-2046.

[149] 郑震．基于OLI遥感影像的叶绿素a质量浓度反演研究［J］．灌溉排水学报，2017，36（3）：89-93.

[150] 中国生态系统研究网络科学委员会．水域生态系统观测规范［M］．北京：中国环境科学出版社，2007.

[151] 钟远，金相灿，孙凌，等．磷及环境因子对太湖梅梁湾藻类生长及其群落影响［J］．城市环境与城市生态，2005，18（6）：32-36.

[152] 周凤霞，陈剑虹．淡水微型生物图谱［M］．北京：化学工业出版社，2005.

[153] 周凤霞，陈剑虹．淡水微型生物与底栖动物图谱［M］．北京：化学工业出版社，2011.

[154] 周健，杨桂军，秦伯强，等．后生浮游动物摄食对太湖夏季微囊藻水华形成的作用［J］．湖泊科学，2013，25（3）：398-405.

[155] 周赛霞，彭焱松，丁剑敏，等．珍稀植物狭果秤锤树群落木本植物种间联结性及群落稳定性研究［J］．广西植物，2017，37（4）：442-448.

[156] 周小玉，张根芳，刘其根，等．鲢、鳙对三角帆蚌池塘藻类影响的围隔实验［J］．水产学报，2011，35（5）：729-737.

[157] 周小愿，张星朗，韩亚慧，等．渭河流域典型水库浮游植物群落结构特征［J］．生态学杂志，2013，32（10）：2772-2779.

[158] 朱耿平，刘国卿，卜文俊，等．生态位模型的基本原理及其在生物多样性保护中的应用［J］．生物多样性，2013，21（1）：90-98.

[159] 朱伟，万蕾，赵联芳．不同温度和营养盐质量浓度条件下藻类的种间竞争规律［J］．生态环境，2008，17（1）：6-11.

[160] 朱旭宇，黄伟，曾江宁，等．氮磷比对冬季浮游植物群落结构的影响［J］．应用与环境生物学报，2013，19（2）：293-299.

[161] 朱旭宇，黄伟，曾江宁，等．洞头海域网采浮游植物的月际变化［J］．生态学报，2013，33

(11)：3351-3361.

[162] 朱永青 . 应用生态系统模型研究淀山湖富营养化控制方案 [J]. 环境科技，2011，24（4）：12-18.

[163] 祖国掌，韦众，丁淑荃，等 . 合肥市大房郢水库蓄水初期浮游生物调查 [J]. 安徽农业大学学报，2008，35（1）：111-118.